全国BIM技能等级考试系列教材·考试必备

Revit 2016/2017 族的建立及应用

主　编　薛　菁

副主编　路小娟　何亚萍

编　委　安先强　桑　海　高锦毅　王长坤　刘　谦
孙一豪　鲜立勃　邢　鑫　马　柯　薛少锋
薛　宁　王丽娟　李敬元

西安交通大学出版社
XI'AN JIAOTONG UNIVERSITY PRESS

图书在版编目(CIP)数据

Revit 2016/2017 族的建立及应用/薛菁主编. —西安：西安交通大学出版社，2017.6(2022.8 重印)
ISBN 978-7-5605-4531-8

Ⅰ.①R… Ⅱ.①薛… Ⅲ.①建筑设计-计算机辅助设计-应用软件 Ⅳ.①TU201.4

中国版本图书馆 CIP 数据核字(2017)第 155340 号

书　　名　Revit 2016/2017 族的建立及应用
主　　编　薛　菁
责任编辑　史菲菲

出版发行　西安交通大学出版社
　　　　　(西安市兴庆南路 1 号　邮政编码 710048)
网　　址　http://www.xjtupress.com
电　　话　(029)82668357　82667874(市场营销中心)
　　　　　(029)82668315(总编办)
传　　真　(029)82668280
印　　刷　西安五星印刷有限公司

开　　本　787mm×1092mm　1/16　　印张 9　　字数 212 千字
版次印次　2017 年 7 月第 1 版　　2022 年 8 月第 3 次印刷
书　　号　ISBN 978-7-5605-4531-8
定　　价　39.80 元

如发现印装质量问题，请与本社市场营销中心联系。
订购热线：(029)82665248　(029)82667874
投稿热线：(029)82668133　(029)82665379
读者信箱：xjtu_rwjg@126.com

序 Preface

BIM(建筑信息模型)源自于西方发达国家,他们在BIM技术领域的研究与实践起步较早,多数建设工程项目均采用BIM技术,由此验证了BIM技术的应用潜力。各国标准纷纷出台,并被众多工程项目所采纳。在我国,住房和城乡建筑部颁布的《2011—2015年建筑业信息化发展纲要》中明确提出要"加快建筑信息化模型(BIM)、基于网络的协同工作等新技术在工程中的应用,推动信息化标准建设"。从中可以窥见,BIM在中国已经跨过概念普及的萌芽阶段以及实验性项目的验收阶段,真正进入到发展普及的实施阶段。在目前阶段,各企业考虑的重心已经转移到如何实施BIM,并将其延续到建筑的全生命周期。

目前,BIM技术应用已逐步深入到应用阶段,《2016—2020年建筑业信息化发展纲要》的出台,对于整个建筑行业继续推进BIM技术的应用,起到了极强的指导和促进作用,可以说BIM是建筑业和信息技术融合的重要抓手。同时,BIM技术结合物联网、GIS等技术,不仅可以实现建筑智能化,建设起真正的"智能建筑",也将在智慧城市建设、城市管理、园区和物业管理等多方面实现更多的技术创新和管理创新。

Autodesk Revit作为欧特克(Autodesk)软件有限公司针对BIM实施所推出的核心旗舰产品,已经成为BIM实施过程中不可或缺的一个重要平台;是欧特克公司基于BIM理念开发的建筑三维设计类产品。其强大功能可实现:协同工作、参数化设计、结构分析、工程量统计、"一处修改、处处更新"和三维模型的碰撞检查等。通过这些功能的使用,大大提高了设计的高效性、准确性,为后期的施工、运营均可提供便利。它通过Revit Architecture、Revit Structure、Revit MEP三款软件的结合涵盖了建筑设计的全专业,提供了完整的协作平台,并且有良好的扩展接口。正是基于Autodesk Revit的这种全面性、平台性和可扩展性,它完美地实现了各企业应用BIM时所期望的可视化、信息化和协同化,进而成为在市场上占据主导地位的BIM应用软件产品。了解和掌握Autodesk Revit软件的应用技巧在BIM的工程实施中必然可以起到事半功倍的效果。

青立方之光全国BIM技能等级考试系列教材是专门为初学者快速入门而量身编写的，编写中结合案例与历年真题，以方便读者学习巩固各知识点。本套教材力求保持简明扼要、通俗易懂、实用性强的编写风格，以帮助用户更快捷地掌握BIM技能应用。

陕西省土木建筑学会理事长
陕西省绿色建筑创新联盟理事长

前言 Foreword

BIM(Building Information Modeling,建筑信息模型),是以建筑工程项目的各项相关信息作为模型的基础,进行模型的建立,通过数字信息仿真模拟建筑物所具有的真实信息。它是继“甩开图版转变为二维计算机绘图”之后的又一次建筑业的设计技术手段的革命,已经成为工程建设领域的热点。

自20世纪70年代美国Autodesk公司第一次提出BIM概念至今,BIM技术已在国内外建筑行业得到广泛关注和应用,诸如英国、澳大利亚、新加坡等,在北美等发达地区,BIM的使用率已超过70%。

为贯彻落实《中共中央、国务院关于进一步加强人才工作的决定》精神,落实《高技能人才队伍建设中长期规划(2010—2020年)》,加快高技能人才队伍建设,更好地解决BIM技术、BIM实施标准和软件协调配套发展等系列问题,西安青立方建筑数据技术服务有限公司根据市场和行业发展需求,结合国内典型BIM成功案例,采纳国内一批知名BIM专家和行业专家的共同意见,推出BIM建模系列解决方案课程。

本书详细讲解了族的软件入门知识及高级技能,以培养高质量的BIM建模人才。本书以最新版本的Revit 2016中文版为操作平台,全面地介绍使用该软件进行族建模设计的方法和技巧。全书共分为8章,主要内容包含族的简介、族编辑器以及注释族、轮廓族、建筑族、结构族和MEP族的创建。

本书内容结构严谨,分析讲解透彻,实例针对性极强,既可作为Revit族的培训教材,也可作为Revit族制作人员的参考资料。

本书由西安青立方建筑数据技术服务有限公司薛菁担任主编,兰州交通大学路小娟和何亚萍共同担任副主编。具体编写分工如下:第1章由薛菁编写;第2章由路小娟与安先强编写;第3章由何亚萍编写;第4章由桑海和刘谦编写;第5章由邢鑫编写;第6章由薛宁编写;第7章、第8章由高锦毅和王长坤编写。全书由薛菁统稿,中机国际工程设计研究院有限责任公司王林春和袁杰主审。

青立方之光系列教材的顺利编写得到了青立方各位领导的支持,各大高校老师的鼎力协助,家人的全力支持。特别感谢身边各位同事在工作过程中给予的帮助。

由于时间仓促及水平有限,书中难免有不足与错误,敬请读者批评指正,以便日后修改和完善。

编　者

2017.5

前言

目 录
Contents

第 1 章　族的简介

Revit 系列软件是一款专业的三维参数化建筑 BIM 设计软件，是有效创建信息化建筑模型和各种建筑施工文档的设计工具。在项目设计开发过程中其用于组成建筑模型的构件，例如：柱、基础、框架梁、门窗，以及详图、注释和标题栏等都是利用族工具创建出来的，因此熟练掌握族的创建和使用是掌握 Revit 系列软件的关键。本书将详细介绍 Revit 系列中各种族的相关内容，包括 Revit Architecture、Revit MEP 和 Revit Sturcture 三个产品中关于族的部分。

1.1　Revit Architecture 的基本术语

Revit Architecture 中所用的大多数术语都是行业通用的标准术语，但一些针对族的术语在 Revit Architecture 中有特殊定义，所以在学习族的创建之前先来了解几个 Revit Architecture 的基本概念。

1.1.1　项目

在 Revit Architecture 中开始项目设计，新建一个“项目”，而这个项目是指单个设计信息数据库，包含了建筑的所有设计信息（从几何图形到构造数据），包括完整的三维建筑模型、所有的设计视图（平、立、剖、大样节点、明细表等）和施工图图纸等信息，而且所有这些信息之间都保持关联关系，当修改其中某一个视图时，整个项目都跟着修改，实现了“一处更新，处处更新”。这样可以自动避免各种不必要的设计错误，大大减少建筑设计和施工期间由于图纸错误引起的设计变更和返工，提高设计和施工的质量与效率。

1.1.2　图元、类别、类型、实例

1. 图元

在 Revit Architecture 中是通过在设计过程中添加图元来创建建筑模型的，图元有三种，分别是建筑图元、基准图元、视图专有图元。

（1）建筑图元。建筑图元是表示建筑的实际三维几何图元，它们显示在模型的相关视图中。建筑图元又分为两种，分别是主体图元和模型建筑图元。例如墙、屋顶等都属于主体图元，窗、门、橱柜等都属于构件模型图元。

（2）基准图元。基准图元是指可以帮助定义项目定位的图元。例如标高、轴网和参照平面等都属于基准图元。

（3）视图专有图元。视图专有图元只显示在放置这些图元的视图中，可以帮助对模型进行描述或归档。视图专有图元也可以分为两种，分别是注释图元和详图图元。例如尺寸标注、标记等都是注释图元，详图线、填充区域和二维详图构建等都是详图图元。

2. 类别

类别是以建筑构件性质为基础，对建筑模型进行归类的一组图元。在 Revit Architecture 项目（和样板）中所有正在使用或可用的族都显示在项目浏览器中的“族”下，并按图元类别分组，如图 1－1 所示。

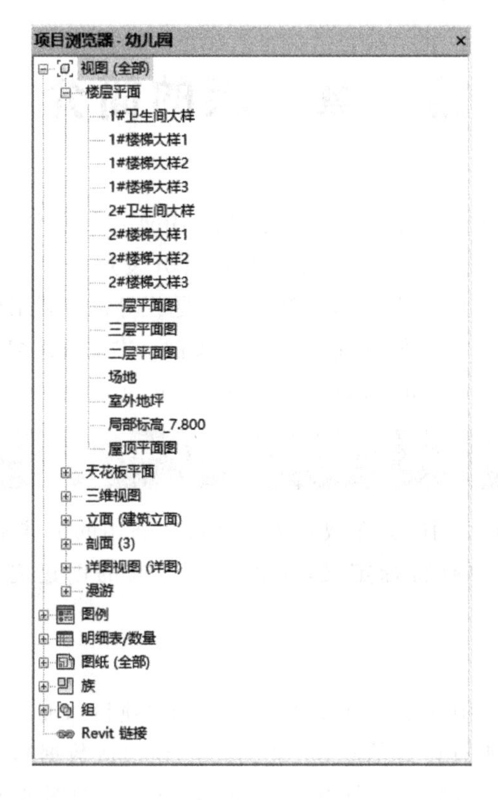

图 1-1

展开"窗"类别,可以看到它包含一些不同的窗族。在该项目中创建的所有窗都将属于这些族中的某一个,如图 1-2 所示。

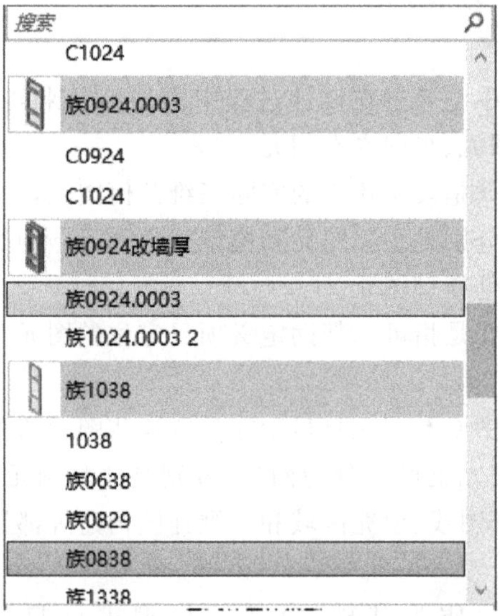

搜索
C1024
族0924.0003
C0924
C1024
族0924改墙厚
族0924.0003
族1024.0003 2
族1038
1038
族0638
族0829
族0838
族1338

图 1-2

3．类型

族可以有多个类型，类型用于表示同一族的不同参数值，例如某个“推拉窗”包含的类型，如图1－3所示。

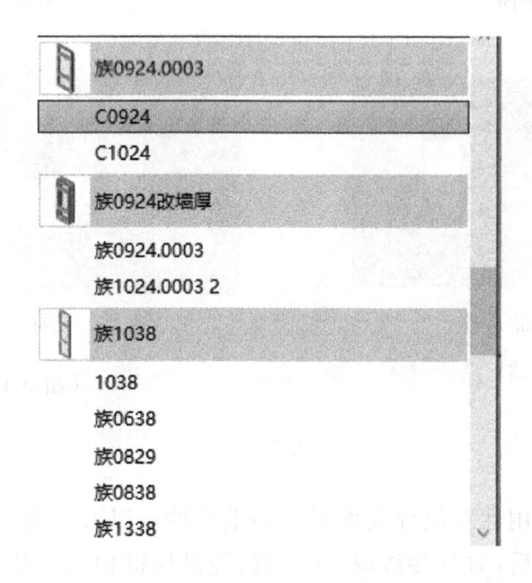

图1－3

4．实例

实例是指放置在项目中的实际项(单个图元)。

1.1.3 族

在Revit Architecture中族是组成项目的构件，同时是参数信息的载体。族是一个包含通用属性(称作参数)集和相关图形表示的图元组。属于一个族的不同图元的部分或全部参数可能有不同的值，但是参数(其名称与含义)的集合是相同的。族在这些变体中称为族类型或类型。例如家具族包含可用于创建不同的家具的族和族类型。尽管这些族具有不同的用途并由不同的材质构成，但它们的用法却是相关的。族中的每一类型都具有相关的图元表示和一组相同的参数，称为族类型参数。

1.2 族的重要性及其应用

(1)系统族和标准构件族是样板文件的重要组成部分，而样板文件是设计的工作环境设置，对软件的应用至关重要。标准族中的注释族与构建族参数设置以及设计表达的关系密不可分。

以窗族的图元的可见性和详细程度设置来说明族的设置与建筑设计表达的关系。在执行建筑设计时，平面图中的窗显示样式要按照设计规范来要求。针对设计规范，Revit Architecture为设计师们提供了图元可见性和详细程度设置。图1－4是窗族在项目文件中的实例分别在“粗略”和“精细”详细程度下的平面视图和立面视图。由此可以看出，Revit Architecture中族的设置与建筑设计表达是紧密相连的。

(2)异型形体的在位创建——内建族、体量族的创建可以使我们在项目中创建各种各样的异型形体。体量族空间提供了三维标高等工具并预设了两个垂直的三维参照面，为创建异型形体提供了很好的环境。

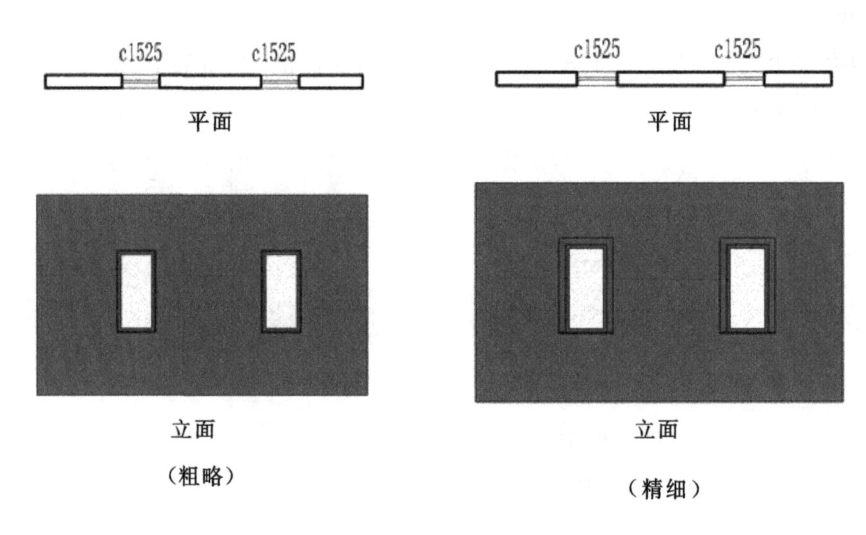

图 1-4

(3)族的实用性和易用性对设计效率提升的重要性。以万能窗的应用为例，通过创建一个万能窗族，载入到项目后，对其参数(材质参数、竖挺横挺相关参数、窗套的相关参数)进行修改，可以得到多种多样的窗(图 1-5)，为设计师提供了很大的方便。

图 1-5

1.3 族的分类

在 Revit Architecture 中所用到的族大致可以分为三类：系统族、内建族和可载入族。

1.3.1 系统族

1. 定义

系统族是已经在项目中预定义并只能在项目中进行创建和修改的族类型，例如墙、楼板、天花板、轴网、标高等。它们不能作为外部文件载入或创建，但可以在项目或样板间复制、粘贴或传递系统族类型。

2. 系统族的创建和修改

以墙为例来具体介绍系统族的创建和修改：

单击“创建”选项卡的“构建”面板“墙”命令下拉按钮，单击“墙”命令，在“属性”对话框中选择需要的墙类型，在选项栏里，指定任何必要的值或选项，然后在视图中创建后在绘图区域进行绘制，如图 1－6 所示。

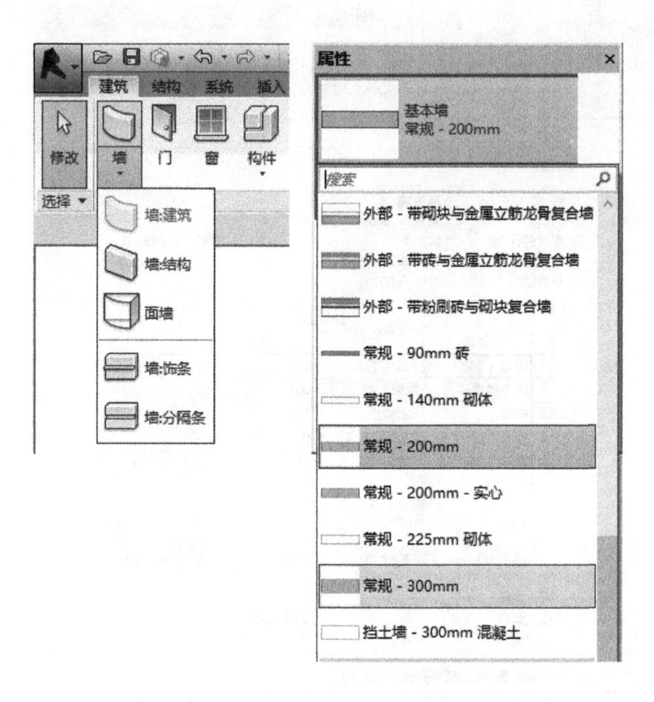

图 1－6

选中一面墙，打开“属性”对话框，再打开“类型属性”对话框，单击“复制”，在“名称”栏输入“常规- 200 mm^2”，单击“确定”新建墙类型。若要修改墙体结构，单击“结构”栏“编辑”按钮，打开“编辑部件”对话框，我们可以通过在“层”中插入构造层来修改墙体的构造，如图 1－7所示。

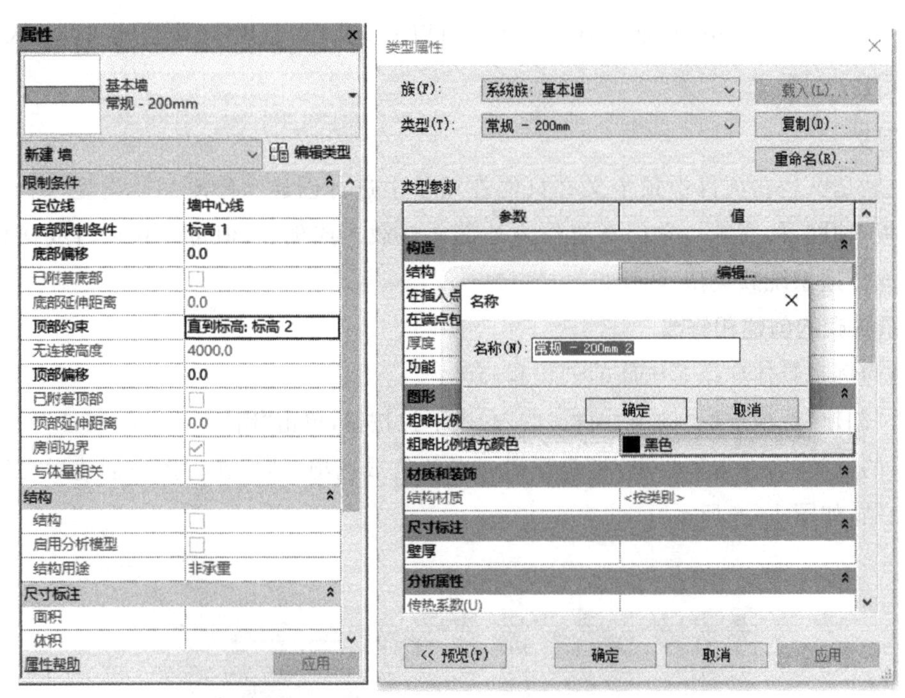

编辑部件

族: 基本墙
类型: 常规 - 200mm
厚度总计: 200.0　　样本高度(S): 6096.0
阻力(R): 0.0000 (m²·K)/W
热质量: 0.00 kJ/K

层

外部边

	功能	材质	厚度	包络	结构材质
1	面层 1 [4]	<按类别>	0.0	☑	
2	核心边界	包络上层	0.0		
3	结构 [1]	<按类别>	0.0		☐
4	核心边界	包络下层	0.0		
5	面层 1 [4]	<按类别>	200.0	☑	

内部边

插入(I)　删除(D)　向上(U)　向下(O)

默认包络
插入点(N): 不包络
结束点(E): 无

修改垂直结构(仅限于剖面预览中)
修改(M)　合并区域(G)　墙饰条(W)
指定层(A)　拆分区域(L)　分隔条(R)

<< 预览(P)　确定　取消　帮助(H)

图 1－7

3. 在项目或样板间复制系统族类型

如果仅需要将几个系统族类型载入到项目或样板中，可按如下步骤进行：打开包含要复制的系统族类型的项目或样板，再打开要将类型粘贴到其中的项目，选择要复制的类型，单击“修改墙”上下文选项卡中的“剪贴板”面板下的“复制”命令。单击“视图”选项卡下“窗口”面板“切换窗口”命令，选择项目中要将族类型粘贴到其中的视图。单击“修改墙”上下文选项卡的“剪贴板”面板，选择“粘贴”命令，如图 1-8 所示。此时系统族将被添加到另一个项目中，并显示在项目浏览器中。

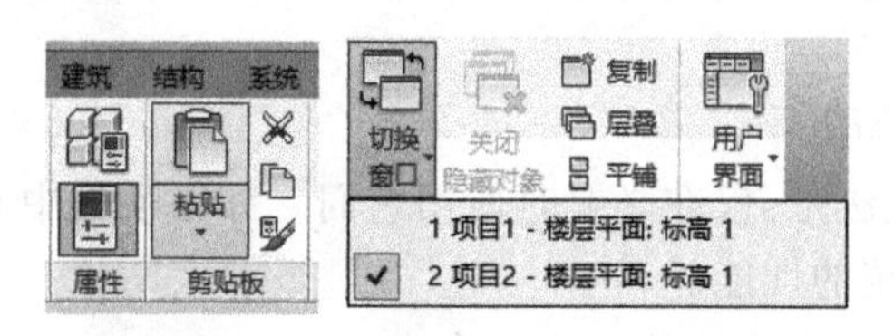

图 1-8

4. 在项目或样板之间传递系统族类型

如果要传递许多系统族类型或系统组设置（例如需要创建新样板时），可按如下步骤进行：分别打开要从中传递系统族类型的项目，单击“管理”选项卡的“项目设置”面板“传递项目标准”命令，弹出“选择要复制的项目”对话框，将要从中传递族类型的项目的名称作为“复制自”。该对话框中列出了所有可从项目中传递的系统族类型，要传递所有的系统族类型，单击“确定”。仅要传递选择的类型，请单击“放弃全部”，接着只选择要传递的类型，然后单击“确定”，如图 1-9 所示。

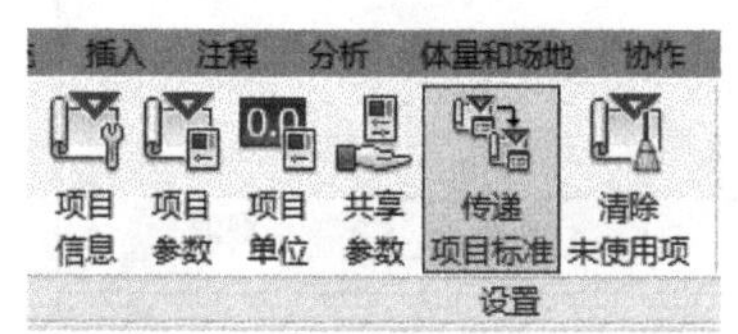

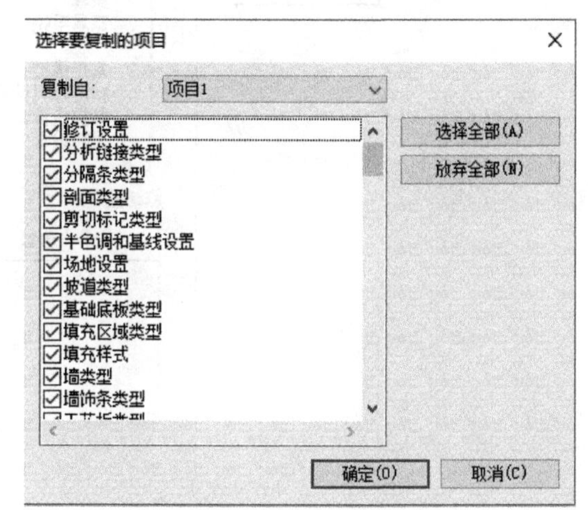

图 1-9

在项目浏览器中的“族”下，展开已将类型传递到其中的系统族，确认是否显示了该类型。

1.3.2 内建族

1. 定义

内建族只能储存在当前的项目文件里，不能单独存成RFA文件，也不能用在别的项目文件中。通过内建族的应用，我们可以在项目中实现各种异型造型的创建以及导入其他三维软件创建的三维实体模型。同时通过设置内建族的族类别，还可以使内建族具备相应族类别的特殊属性以及明细表的分类统计。比如，在创建内建族时设定内建族的族类别为屋顶，则该内建族就具有了使墙和柱构件附着的特性，可以在该内建族上插入天窗(基于屋顶的族样板制作的天窗族)。

2. 系统族的创建与修改

运用系统族的最佳做法是：仅在必要时使用它们。如果项目中有许多内建族，将增加项目文件的大小，并降低系统的性能。

以异型屋顶为例来介绍内建族的创建和修改：

单击“创建”选项卡的“构件”面板，选择“内建模型”命令，选择族类别“屋顶”，输入名称，如图1-10所示，进入创建模式。

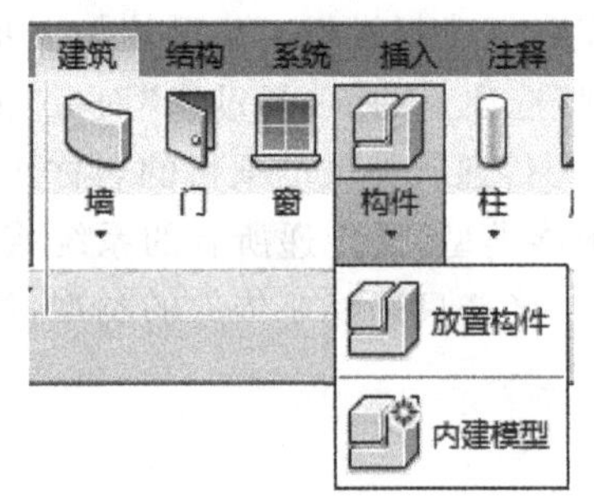

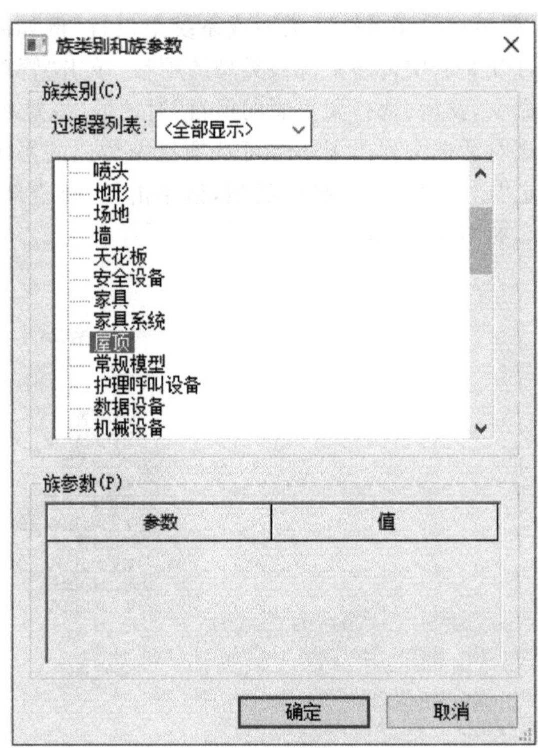

图1-10

进入“标高 1”视图绘制四条参照平面，单击“创建”选项卡“形状”面板中“拉伸”命令，单击“工作平面”面板，弹出“工作平面”对话框，选择“拾取一个平面”，单击“确定”，如图 1－11 所示。用 Tab 键拾取参照平面，拾取后鼠标单击，弹出“转到视图”对话框，选择“南”，单击“打开视图”转到“南”立面视图。

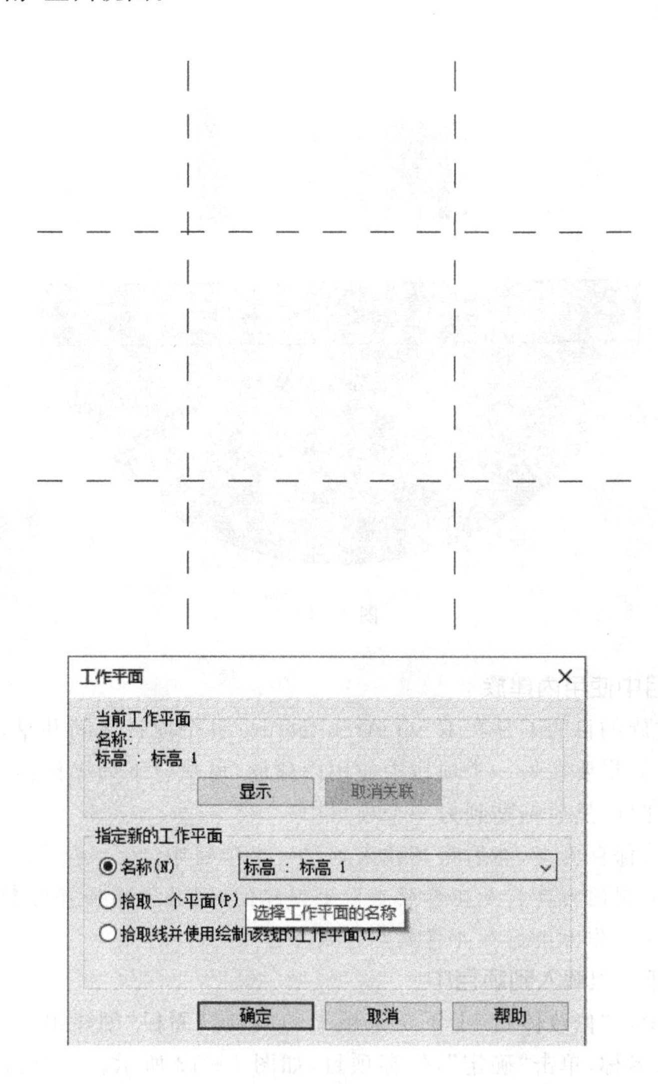

图 1－11

然后绘制屋顶形状，完成拉伸，如图 1－12 所示。创建完成后可以在“族类型”中添加“材质参数”，为几何图形指定材质。

选择内建实例，或在项目浏览器的族类别和族下，选择内建族类型。单击“修改族”上下文选项卡“剪贴板”面板的“粘贴”命令，单击视图放置内建族图元。此时粘贴的图元处于选中状态，以便根据需要对其进行修改，根据粘贴的图元类型，可以使用“移动”、“旋转”和“镜像”工具对其进行修改。

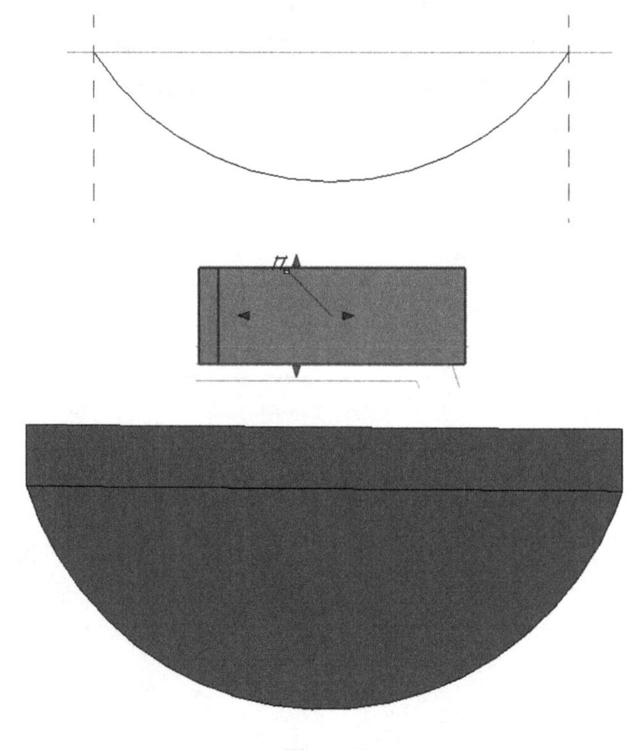

图 1-12

3. 在其他项目中使用内建族

虽然设计内建族的目的不是在 Revit Architecture 各个项目之间共享，但是可将他们添加到其他项目中。如果要在另一个项目中使用内建族，可执行下列操作：

(1)复制该内建族，然后粘贴到另一个项目中。

(2)将该内建族保存为组，然后将其载入到另一个项目中。

要点：如果要复制的内建族是在参照平面上创建的，则必须选择并复制带内建族实例的参照平面，或将内建族作为组保存并将其载入到项目中。

4. 将内建族作为组载入到项目中

选择内建族，单击"修改体量"上下文选项卡的"创建"面板"创建组"命令，弹出"创建模型组"对话框，输入名称，单击"确定"，保存项目，如图 1-13 所示。只有将项目浏览器中的内建族所创建的组保存到本地，这样才能将组载入到另一个项目中使用。

选择"成组"面板上的"编辑组"命令，可以添加或删除图元，并查看"组属性"，如图 1-13 所示。打开要载入内建族组的项目，单击"插入"选项卡"从库中载入"面板的"作为组载入"。

1.3.3 可载入族

(1)定义。可载入族是使用族样板在项目外创建的 RFA 文件，可以载入到项目中，具有高度可自定义的特征，因此可载入族是用户最经常创建和修改的族。可载入族包括在建筑内和建筑周围安装的建筑构件，例如窗、门、橱窗、装置、家具和植物等。此外，它们还包含一些常规自定义的注释图元，例如符号和标题栏等。创建可载入族时，需要使用软件提供的族样板，样板中包含有关创建的族的信息。

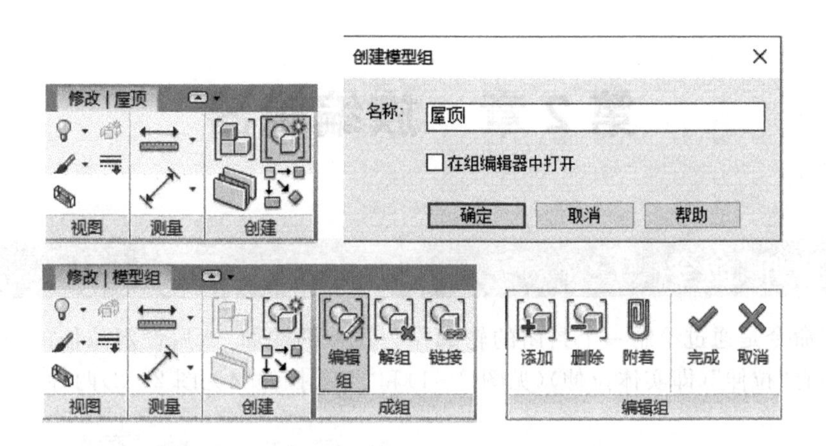

图 1-13

(2)有关可载入族的创建和修改将在第 3 章详细介绍。

(3)标准构件族在项目中的使用。单击“插入”选项卡的“从库中载入”面板的“载入族”命令,选择所需要的族载入项目中,如图 1-14 所示。

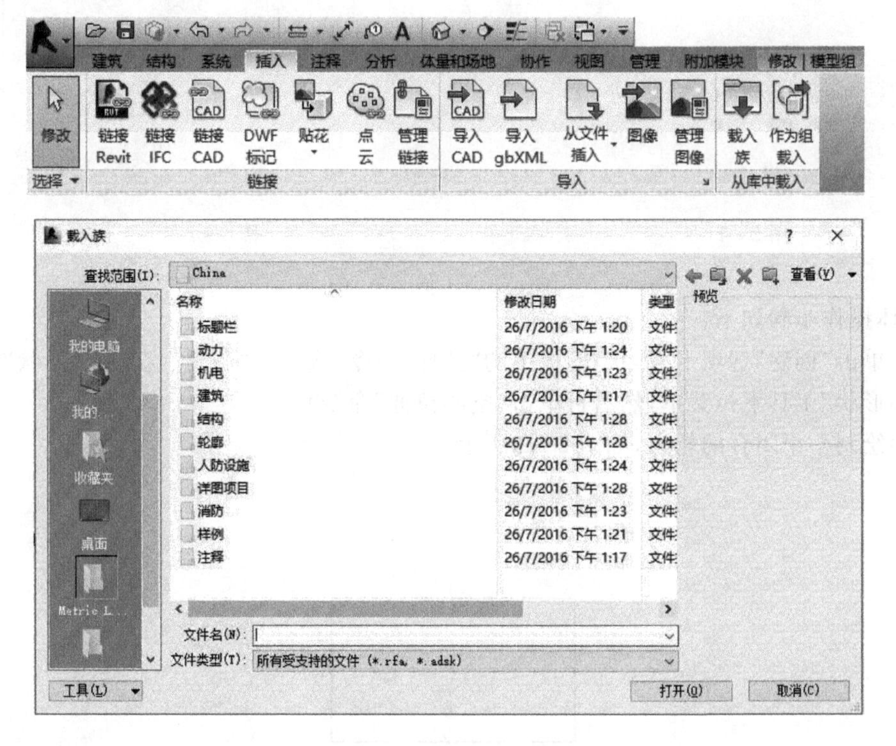

图 1-14

将所需的构建族载入项目后,可直接在“创建”选项卡“构件”面板中选择该类别的构件,再选取载入的类型,添加到项目中。还可以打开项目浏览器,选中载入的族直接拖到所要添加的位置。单击项目中的构件族,在“属性”对话框下直接修改实例属性,单击“属性”对话框选择“类型属性”命令修改类型参数。

第 2 章　族编辑器

2.1 “拉伸”命令

“拉伸”命令是通过绘制一个封闭的轮廓作为拉伸的端面，然后设定拉伸的长度来实现建模。拉伸有“拉伸”(即实体拉伸)(见图 2－1)和“空心拉伸”(见图 2－2)两种。

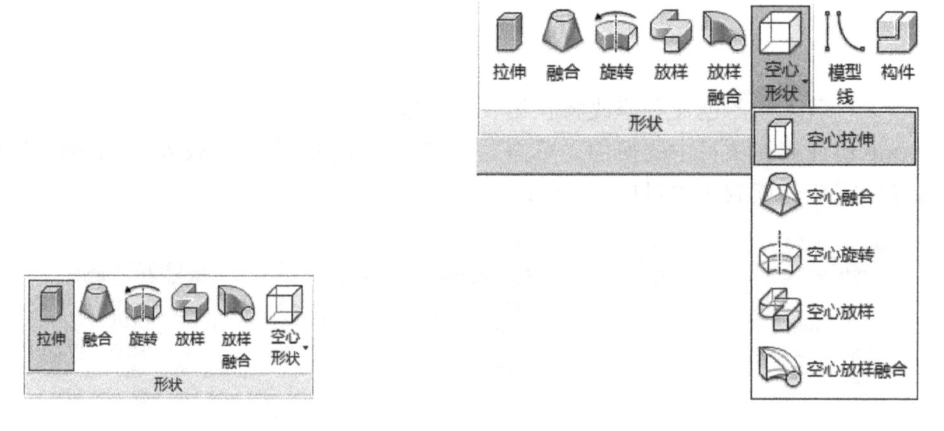

图 2－1　　　　图 2－2

具体操作步骤如下：

(1)单击“创建”选项卡“形状”面板中的“拉伸”命令(或单击“创建”选项卡“形状”面板中的“空心形状”工具下拉菜单，然后再单击“空心拉伸”命令)。

(2)绘制一个闭合的轮廓，如图 2－3 所示。

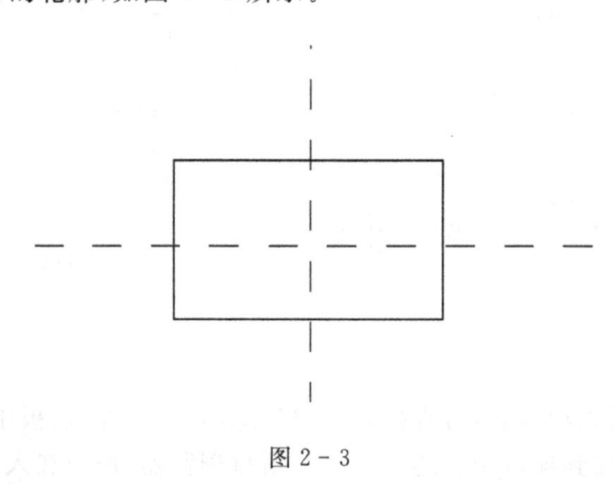

图 2－3

(3)设定拉伸起点和拉伸终点来确定拉伸的长度，然后单击“模式”面板上的“√”完成绘制，如图 2－4 所示。

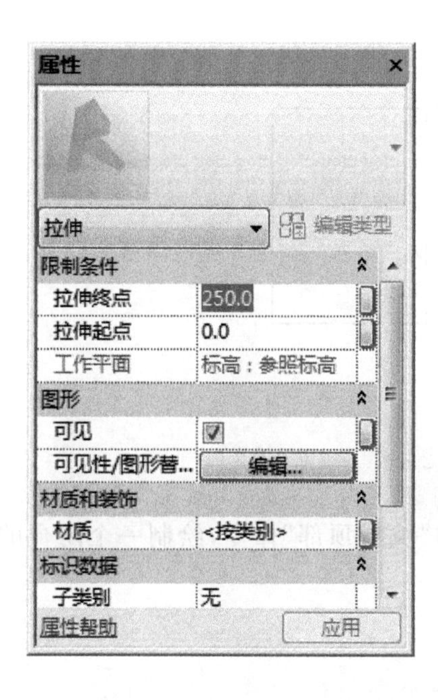

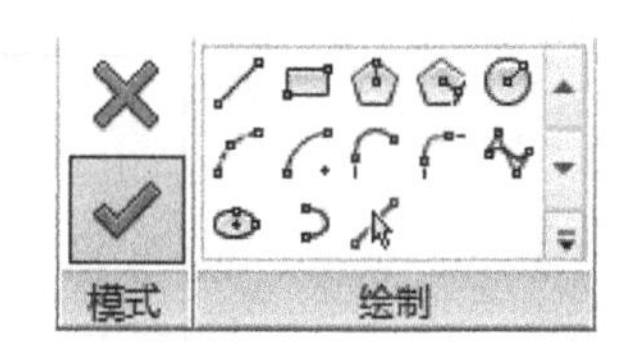

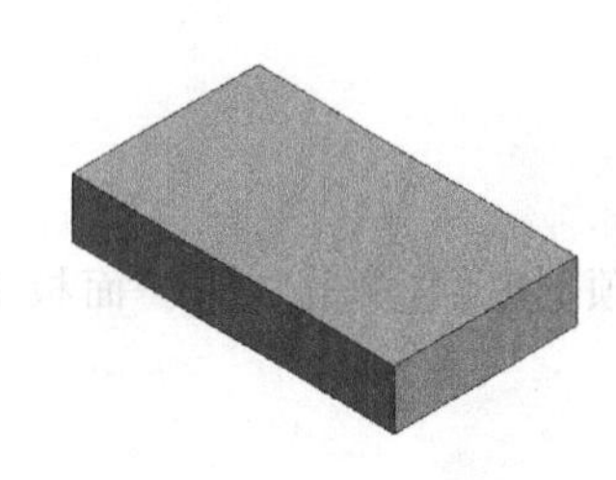

图 2-4

2.2 “融合”命令

“融合”命令用于将两个位于不同平面上的不同形状的断面进行融合来绘制图形。融合有“融合”(即实体融合)(见图 2-5)和“空心融合”(见图 2-6)两种。

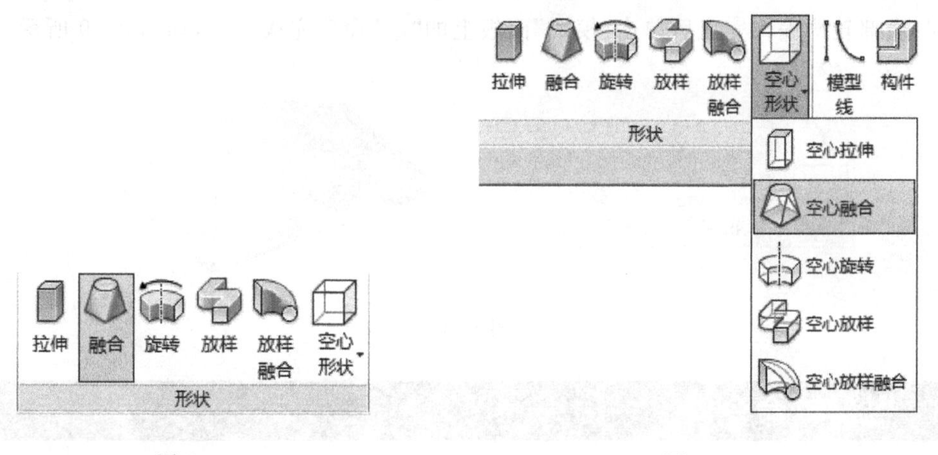

图 2-5

图 2-6

具体操作步骤如下：

(1)单击“创建”选项卡“形状”面板中的“融合”命令(或单击“创建”选项卡“形状”面板中的“空心形状”工具下拉菜单，然后再单击“空心融合”命令)。

(2)编辑底部轮廓，绘制一个闭合的轮廓，如图 2-7 所示。

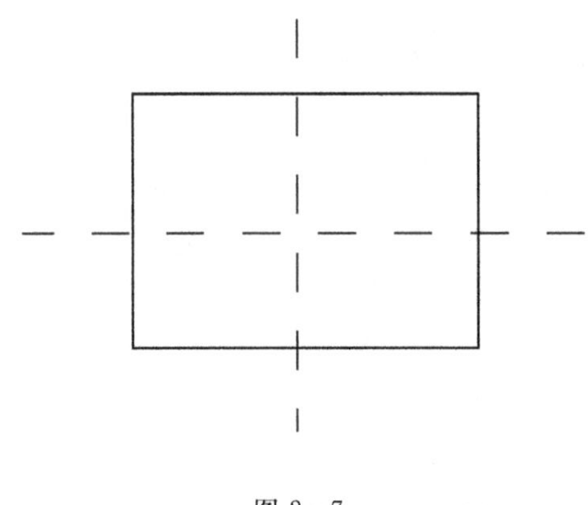

图 2-7

(3)编辑顶部轮廓,单击“模式”面板上的“编辑顶部”命令,绘制一个闭合的轮廓,如图 2-8所示。

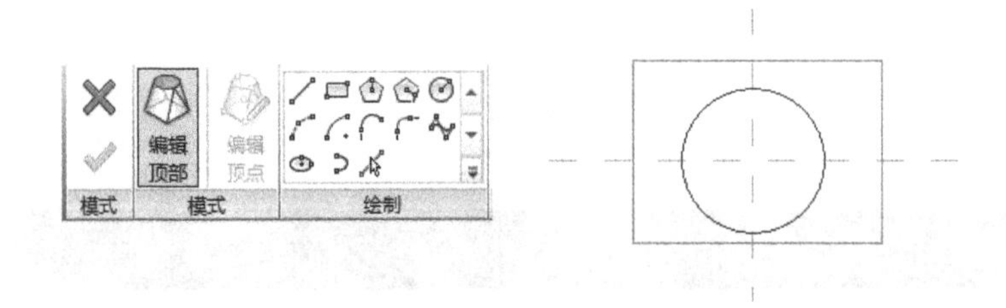

图 2-8

(4)底部轮廓编辑完成后单击“模式”面板上的“√”命令完成绘制,如图 2-9 所示。

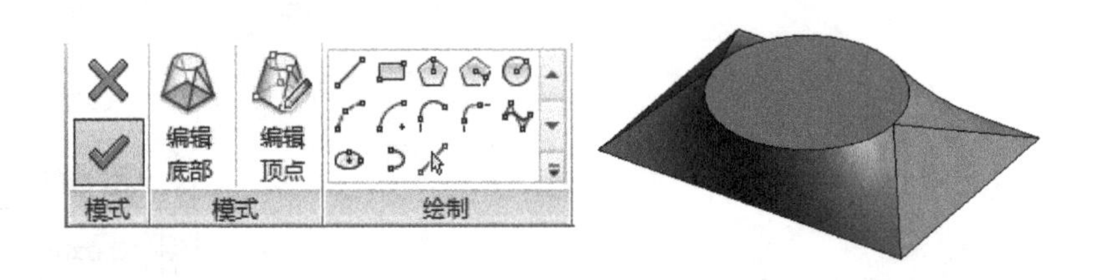

图 2-9

2.3 “旋转”命令

“旋转”命令通常用于绘制以轴线为中心、需要旋转一定的角度而形成的构件。旋转有“旋转”(即实体旋转)(见图 2-10)和“空心旋转”(见图 2-11)两种。

具体操作步骤如下:

(1)单击“创建”选项卡“形状”面板中的“旋转”命令(或单击“创建”选项卡“形状”面板中的“空心形状”工具下拉菜单,然后再单击“空心旋转”命令)。

(2)绘制“边界线”,按照所需形状绘制边界线,如图 2-12 所示。

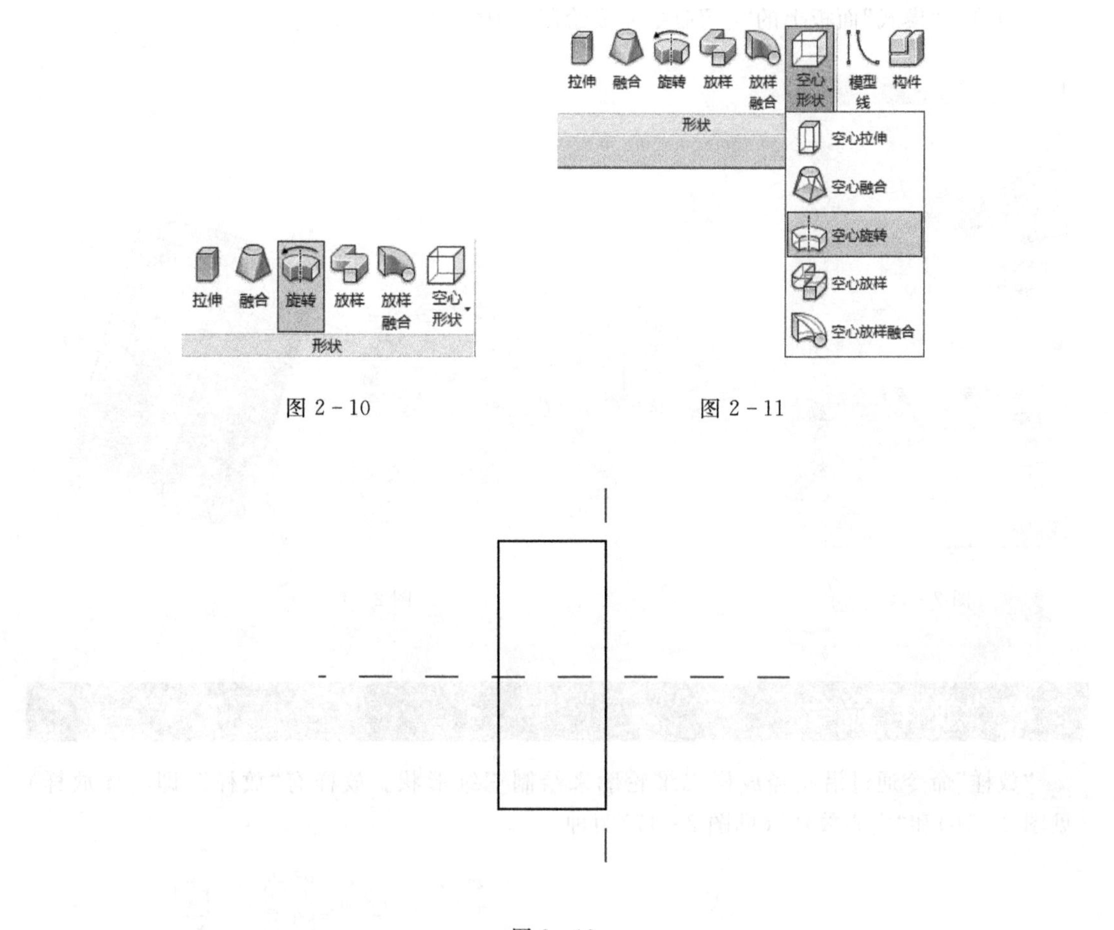

图 2-10

图 2-11

图 2-12

(3)边界线绘制完成后,单击“绘制”面板上的“轴线”命令,绘制轴线,如图 2-13 所示。绘制轴线时要注意不能与边界线相交。

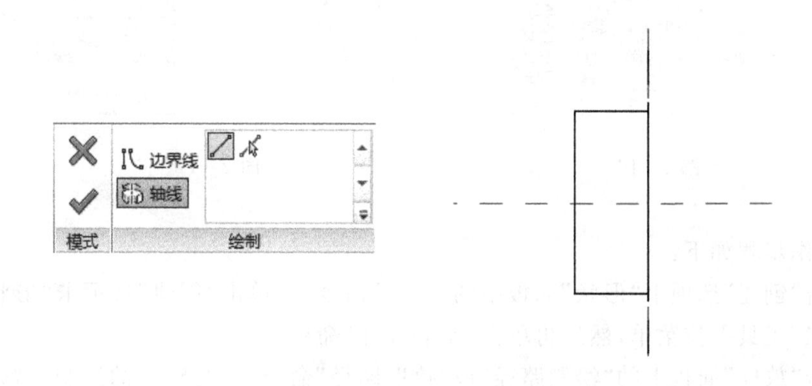

图 2-13

(4)按所需图形在属性框中设定起始角度和终止角度,用来控制旋转角度,如图 2-14 所示。

(5)单击"模式"面板上的"√"命令完成绘制,如图 2-15 所示。

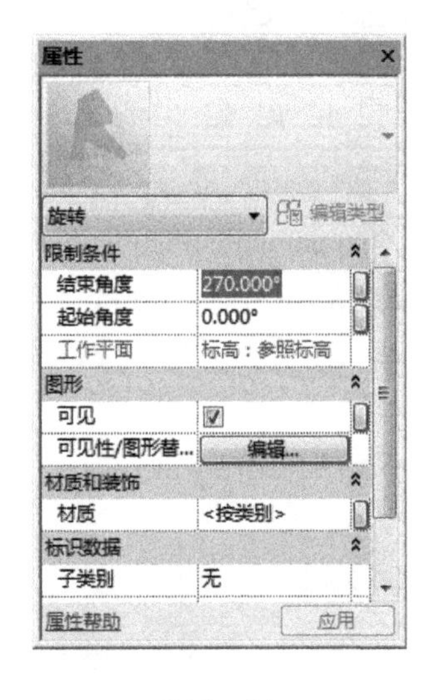

图 2-14

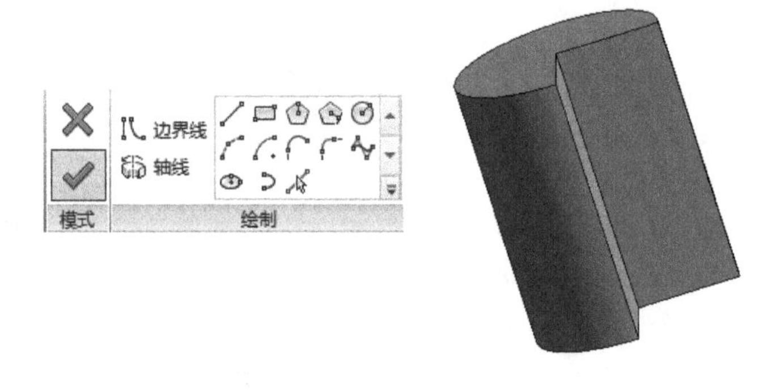

图 2-15

2.4 "放样"命令

"放样"命令通过沿路径放样二维轮廓来绘制三维形状。放样有"放样"(即实体放样)(见图 2-16)和"空心放样"(见图 2-17)两种。

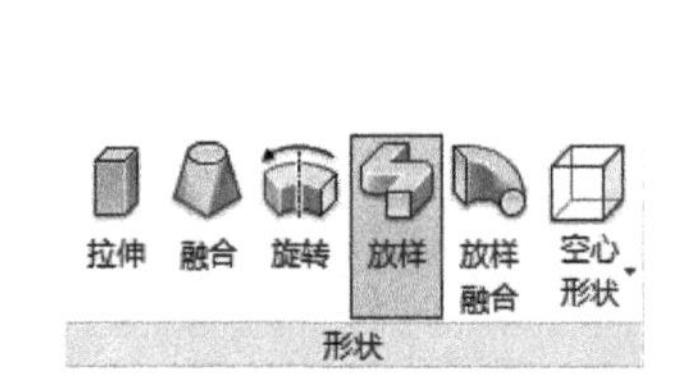

图 2-16

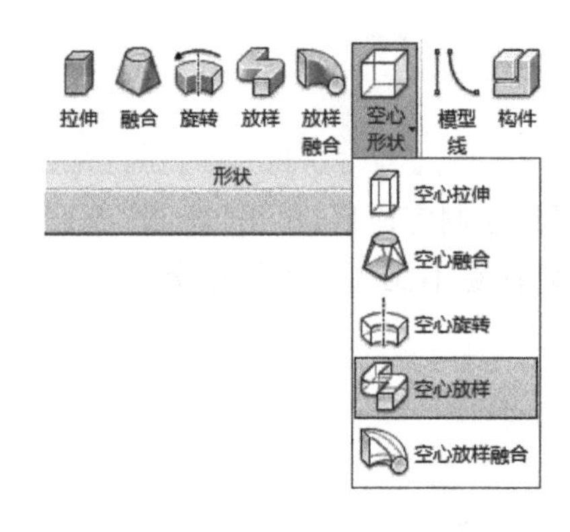

图 2-17

具体操作步骤如下:

(1)单击"创建"选项卡"形状"面板中的"放样"命令(或单击"创建"选项卡"形状"面板中的"空心形状"工具下拉菜单,然后再单击"空心放样"命令)。

(2)点击"放样"面板上的"绘制路径"或"拾取路径"命令,进行路径的绘制。路径绘制完成后,单击"模式"面板上的"√"命令完成绘制,如图 2-18 所示。

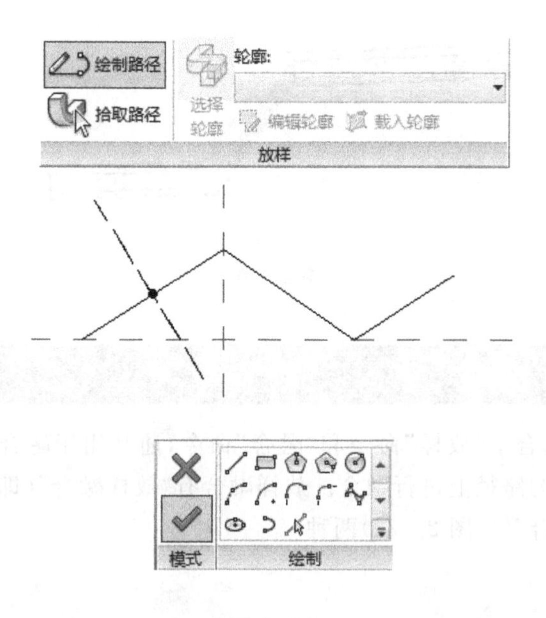

图 2-18

(3)单击“放样”面板上的“选择轮廓”命令,再单击“编辑轮廓”命令,选择要绘制的视图,单击“打开视图”,进行轮廓的绘制。绘制完成后单击“模式”面板上的“√”命令完成轮廓绘制,如图 2-19 所示。

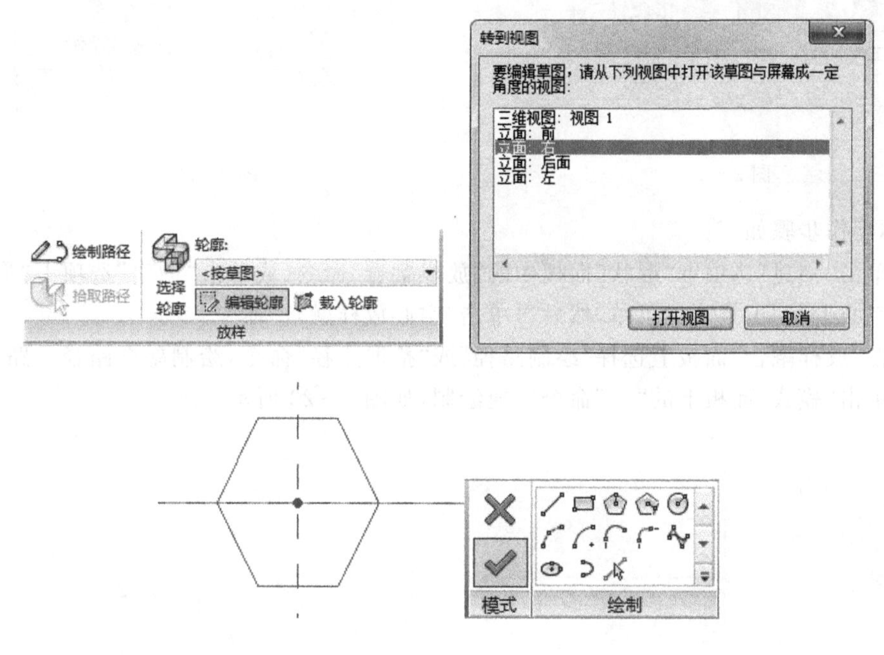

图 2-19

(4)单击“模式”面板上的“√”命令完成放样命令的绘制,如图 2-20 所示。

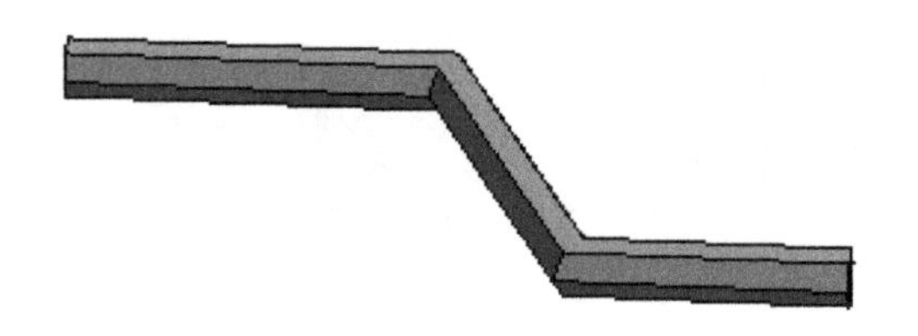

图 2 - 20

2.5 “放样融合”命令

“放样融合”命令结合了“放样”命令和“融合”命令，通常用于融合两个不同平面上的不同形状，且需要在规定的路径上进行融合。放样融合有“放样融合”(即实体放样融合)(见图 2 - 21)和“空心放样融合”(见图 2 - 22)两种。

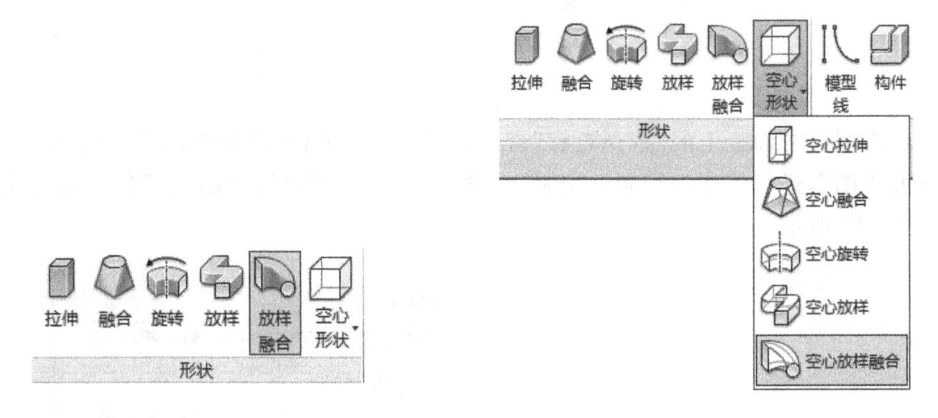

图 2 - 21　　图 2 - 22

具体操作步骤如下：

(1)单击“创建”选项卡“形状”面板中的“放样融合”命令(或单击“创建”选项卡“形状”面板中的“空心形状”工具下拉菜单，然后再单击“空心放样融合”命令)。

(2)在“放样融合”面板上选择“绘制路径”或“拾取路径”命令，绘制融合路径。路径绘制完成后，单击“模式”面板上的“√”命令完成绘制，如图 2 - 23 所示。

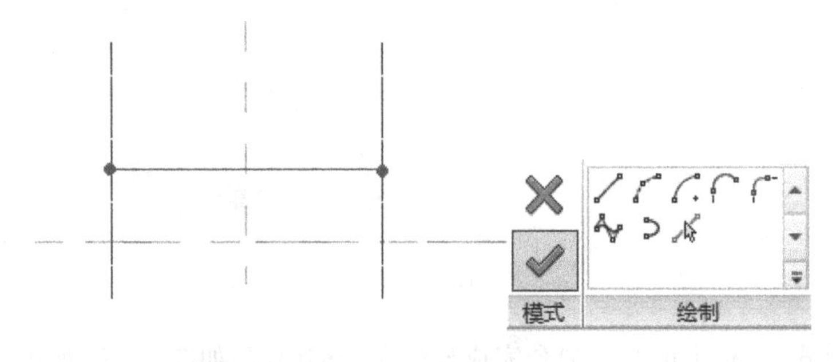

图 2 - 23

(3)单击“选择轮廓 1”,再单击“编辑轮廓”命令,在弹出的对话框中选择要在哪个视图中绘制,然后单击“打开视图”,进行轮廓 1 的绘制。绘制完成后,单击“模式”面板上的“√”命令完成绘制,如图 2-24 所示。

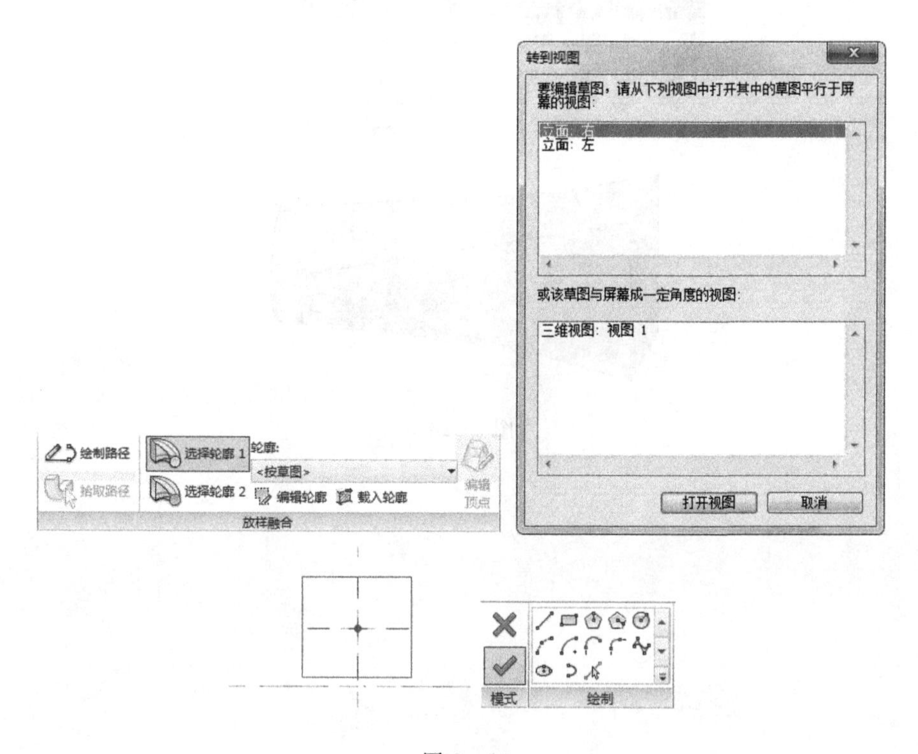

图 2-24

(4)单击“选择轮廓 2”,再单击“编辑轮廓”命令,进行轮廓 2 的绘制。绘制完成后,单击“模式”面板上的“√”命令完成绘制,如图 2-25 所示。

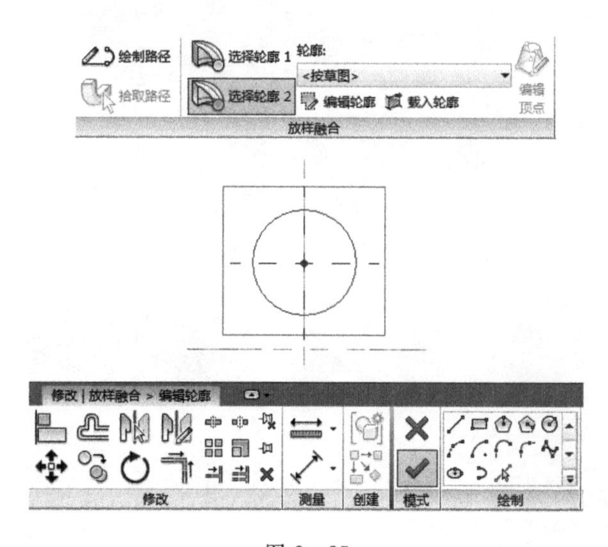

图 2-25

(5)轮廓 1 和轮廓 2 绘制完成后，单击“模式”面板上的“√”命令完成放样融合命令的绘制，如图 2-26 所示。

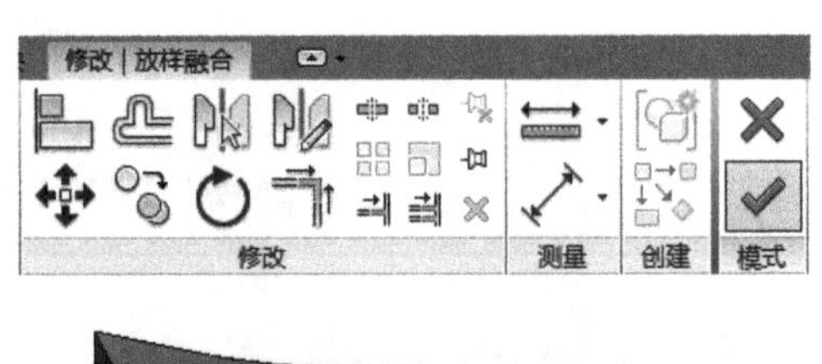

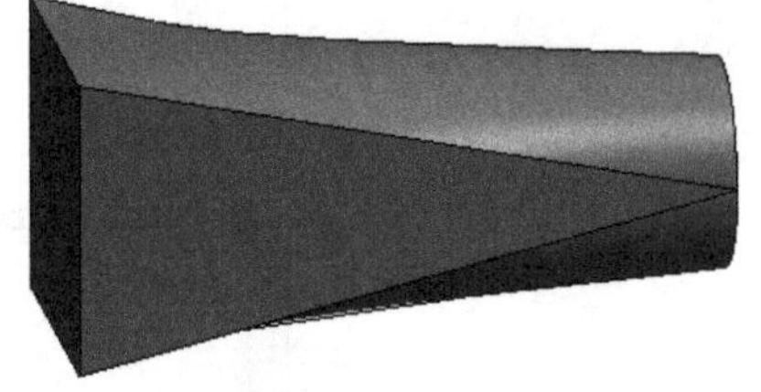

图 2-26

第3章　注释族

注释符号族是项目的基本组成部分，在项目中用于对构件进行标记、创建注释符号等。在项目中，注释族可以根据构件已经定义的参数信息自动提取所需要的数据以创建标记，符号族可以在平面或者立面视图中创建标高、高程点等符号。注释族是通过在族中关联所需的参数，在项目中对构件相关参数进行定义，来创建标记。而符号族，则是直接或间接地被应用于创建符号。而高程点符则是直接根据插入点的标高进行标记。

3.1　标头类注释族

3.1.1　标高标头

创建步骤如下：

1. 选择样板文件

单击 Autodesk Revit Architecture 2016 界面左上角的（应用程序）按钮，单击“新建”，选择“族”类型，如图 3－1 所示。

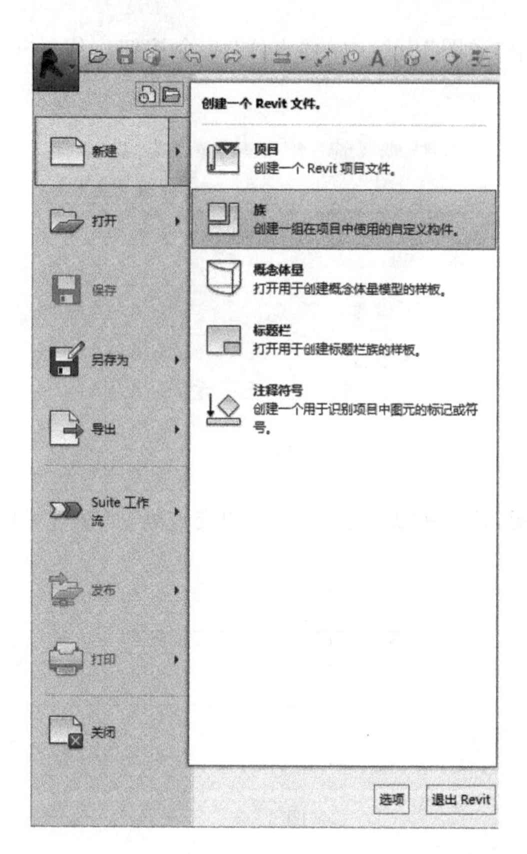

图 3－1

在“新族-选择样板文件”对话框中，打开“注释”文件夹，选择“公制标高标头”，单击“打开”，如图 3-2 所示。

图 3-2

2. 绘制标高符号

单击“创建”选项卡中“详图”面板中的“直线”命令按钮。线的子类别选择“标高标头”。如图 3-3 所示。

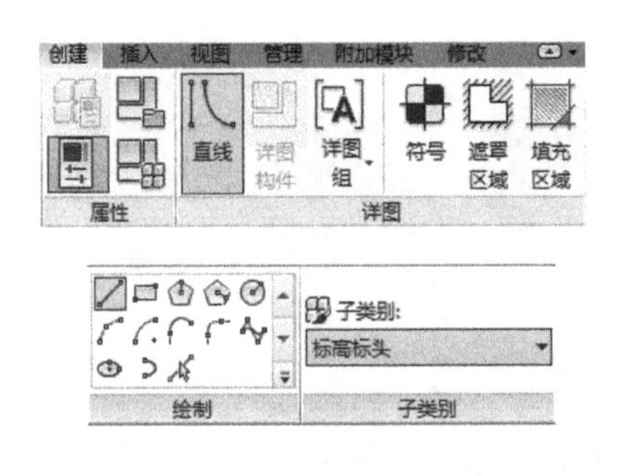

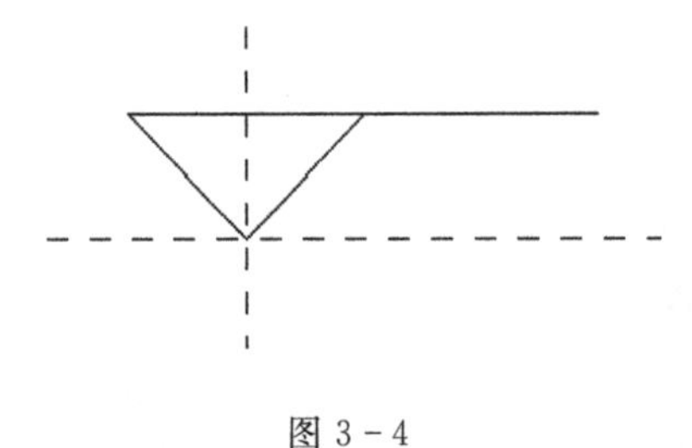

图 3-3

绘制一个等腰三角形，符号的尖端在参照线的交点处，如图 3-4 所示。

图 3-4

3. 编辑标签

单击“创建”选项卡中“文字”面板中的“标签”命令，选中格式面板中的按钮和按钮，单击“属性”对话框中的“编辑类型”，打开“类型属性”对话框，如图 3-5 所示。

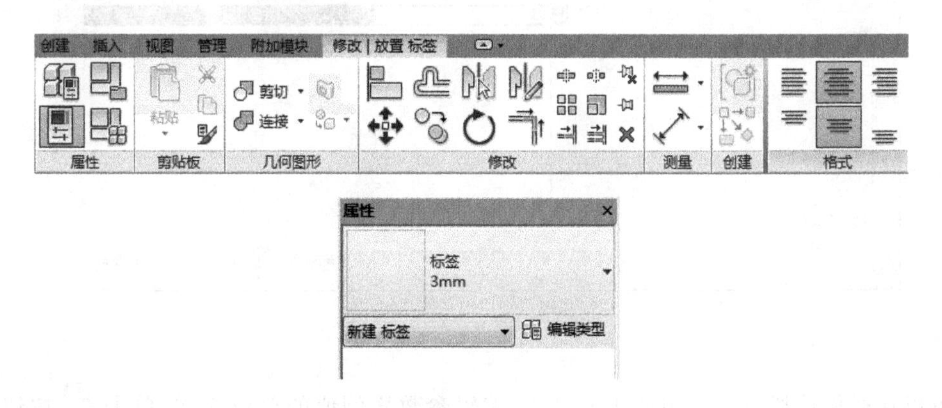

图 3-5

可以调整文字大小、文字字体、下划线是否显示等，复制新类型 3.5mm，按照制图标准，将文字大小改成 3mm 或 3.5mm，宽度系数改为 0.7，单击“确定”，如图 3-6 所示。

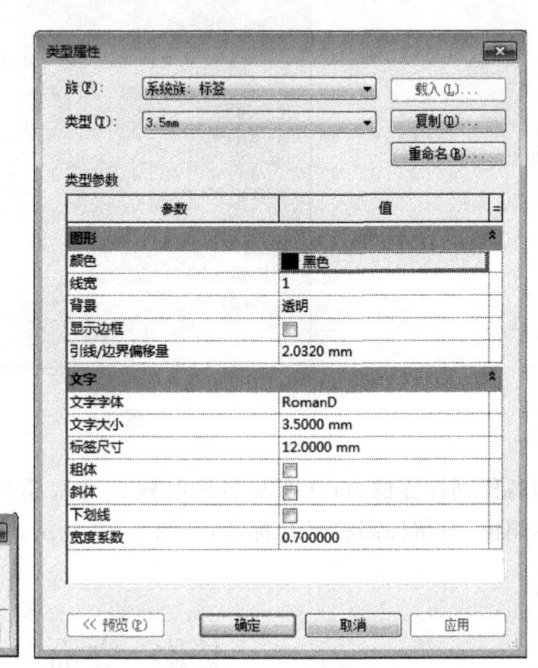

图 3-6

4. 添加标签到标高标头

单击参照平面的交点，来确定标签的位置，弹出“编辑标签”对话框，在“类别参数”下选择“立面”，单击按钮，将“立面”参数添加到标签，单击“确定”，如图 3-7 所示。

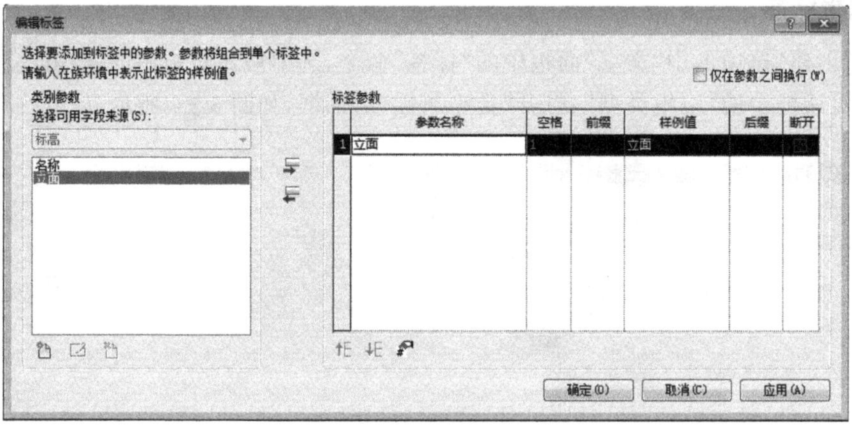

编辑标签
选择要添加到标签中的参数。参数将组合到单个标签中。
请输入在族环境中表示此标签的样例值。
仅在参数之间换行(W)
类别参数
选择可用字段来源(S):
标高
名称
立面
标签参数

	参数名称	空格	前缀	样例值	后缀	断开
1	立面	1		立面		

确定(O) 取消(C) 应用(A)

图 3-7

可以在样例值栏里写上想使用的名称，编辑参数样例值的单位格式，单击按钮出现对话框，按照制图标准，标高数字应以“米”为单位，注意写到小数点以后第三位，再单击两次“确定”，如图 3-8 所示。

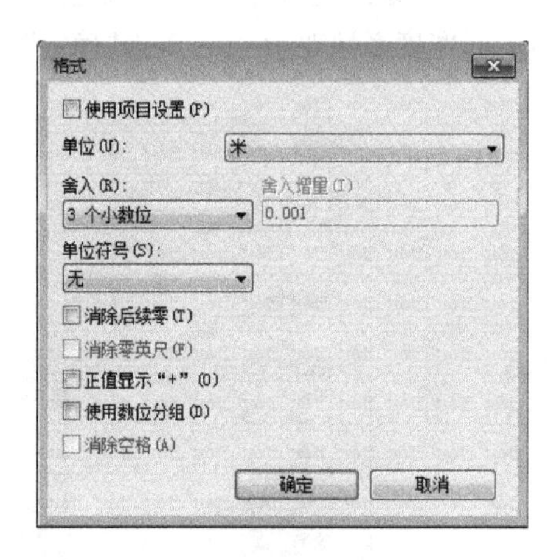

图 3-8

添加名称到标签栏，将立面和名称的标签类型都改成 3.5mm，将样板中自带的多余的线和文字删掉，只留标高符号和标签，如图 3-9 所示。

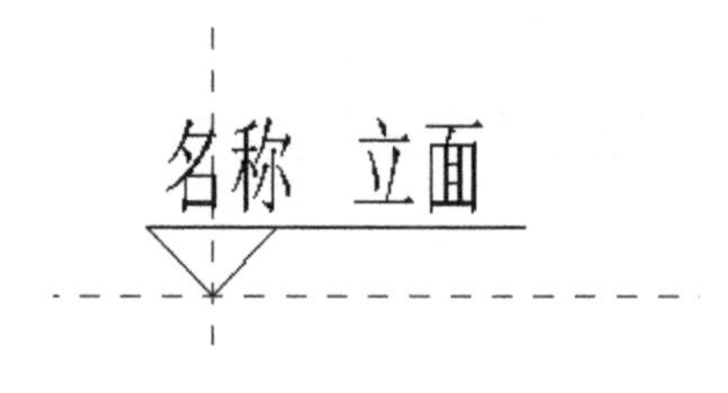

图 3-9

5. 载入项目中测试

将创建好的族另存为“标高标头”，单击“族编辑器”面板中的“载入到项目中”命令，将创建好的标高标头载入到项目中。进入项目里的东立面视图，单击“建筑”选项卡中“基准”面板中的“标高”命令，单击“属性”面板中的“类型属性”，弹出“类型属性”对话框，调整类型参数，在符号栏里使用刚载进去的符号，单击“确定”，如图 3－10 所示。

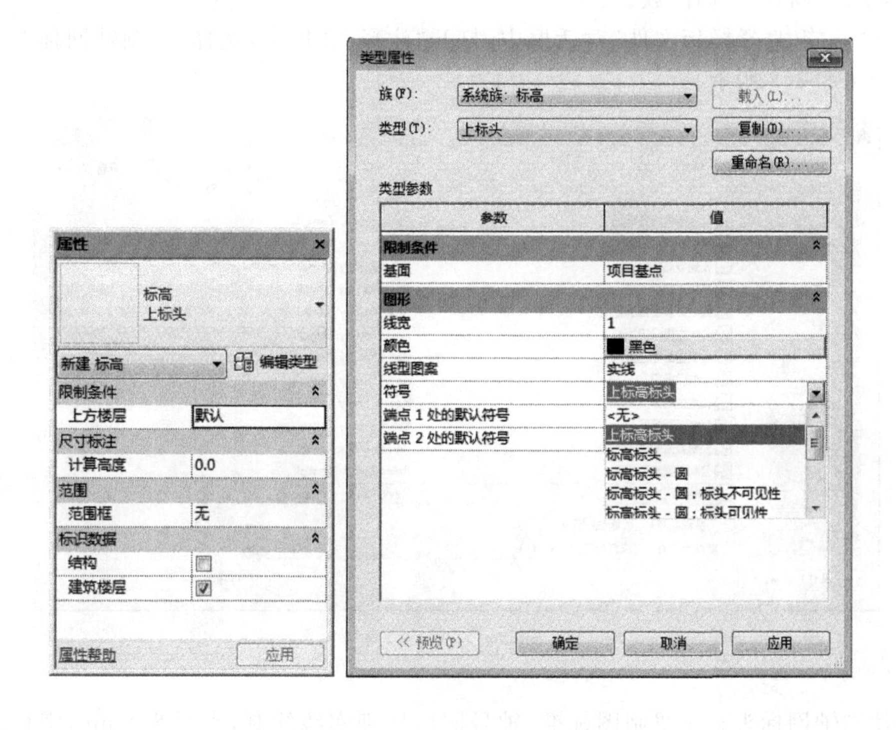

图 3－10

单击“确定”绘制标高，完成效果如图 3－11 所示。

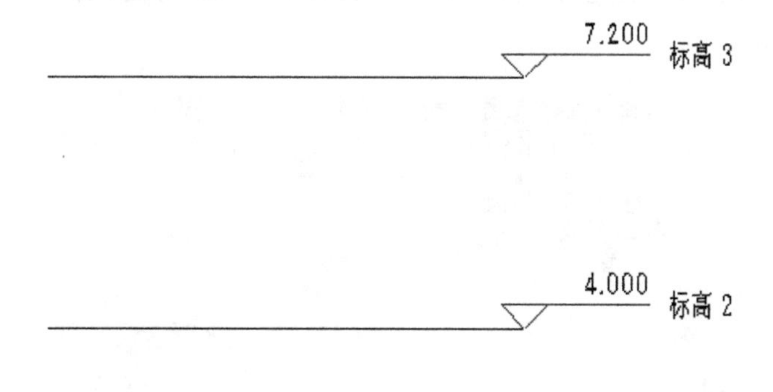

图 3－11

3.1.2 轴网标头

1. 轴网标头的创建

创建步骤如下：

(1)选择样板文件。单击 Autodesk Revit Architecture 2016 界面左上角的(应用程序)按钮，单击“新建”，选择“族”类型。

(2)在“新族-选择样板文件”对话框中，打开“注释”文件夹，选择“公制轴网标头”，单击“打开”，如图 3-12 所示。

图 3-12

(3)绘制轴网标头。按照制图标准，轴号圆应用细实线绘制，直径为 8mm，定位轴线的圆心应在定位轴线的延长线上。

(4)单击“建筑”选项卡下“详图”面板中的“直线”命令按钮，线的子类别选择“轴网标头”，删除族样板中的引线和注意事项，绘制一个直径为 8mm 的圆，圆心在参照平面交叉点处，如图 3-13 所示。

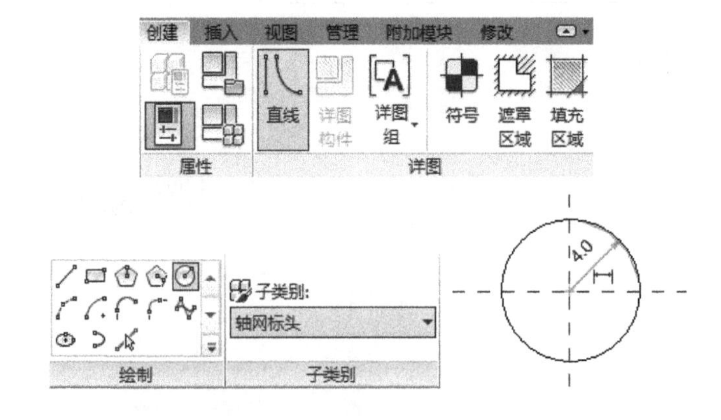

图 3-13

(5)添加标签到轴网标头，编辑标签。单击“创建”选项卡中“文字”面板中的“标签”命令，选中格式面板中的和按钮，单击参照平面的交点，以此来确定标签的位置，弹出“编辑标签”对话框，在“类别参数”下选择“名称”，单击按钮，将“名称”添加到标签，样例值上随便写一个数字或字母，单击“确定”，如图 3-14 所示。

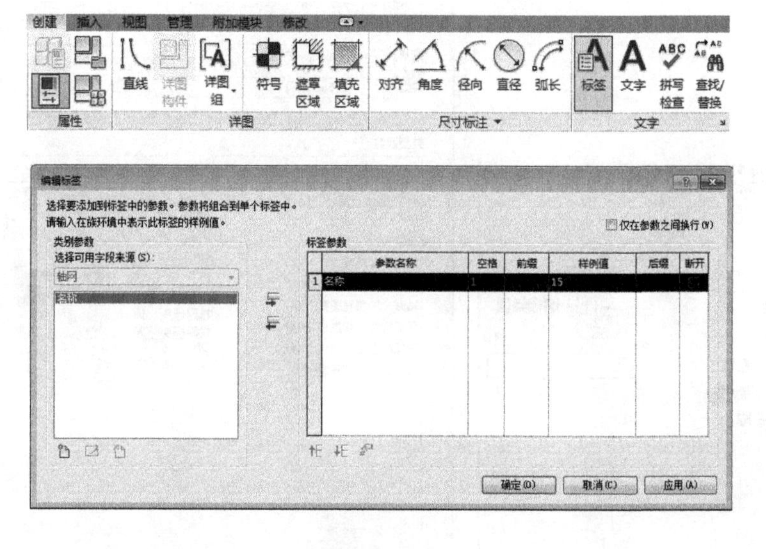

图 3-14

(6)选中标签，单击“属性”对话框中的“编辑类型”，打开“类型属性”对话框，可以调整文字大小、文字字体，复制新类型 4.5mm，按照制图标准，将文字大小改成 3mm 或 3.5mm，宽度系数改为 0.7，单击“确定”，如图 3-15 所示。

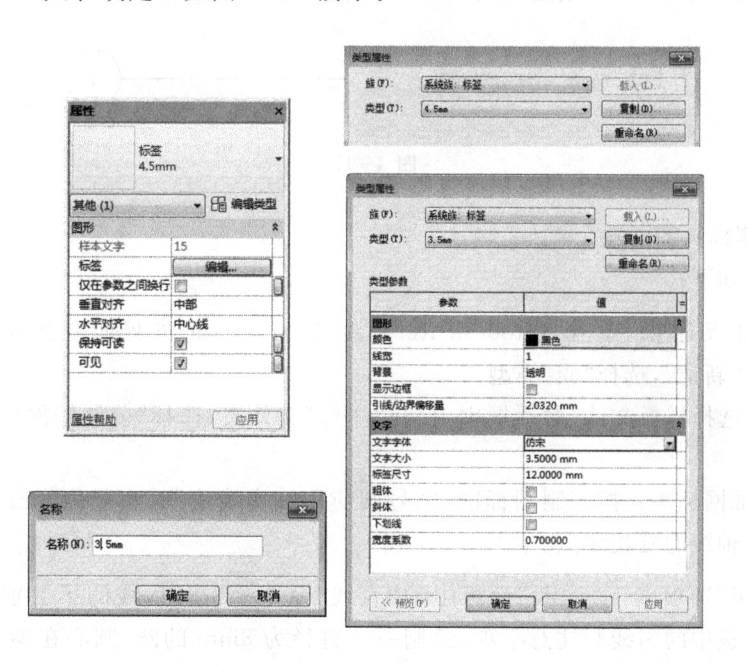

图 3-15

(7)载入项目中测试。将创建好的族另存为“轴网标头”，单击“族编辑器”面板中的“载入到项目中”命令，将创建好的轴网标头载入到项目中。进入项目里的 F1 视图，单击“建筑”选项卡中“基准”面板中的“轴网”命令，单击“属性”面板中的“类型属性”，弹出“类型属性”对话框，调整类型参数，在符号栏里使用刚载进去的符号，单击“确定”，如图 3-16 所示。

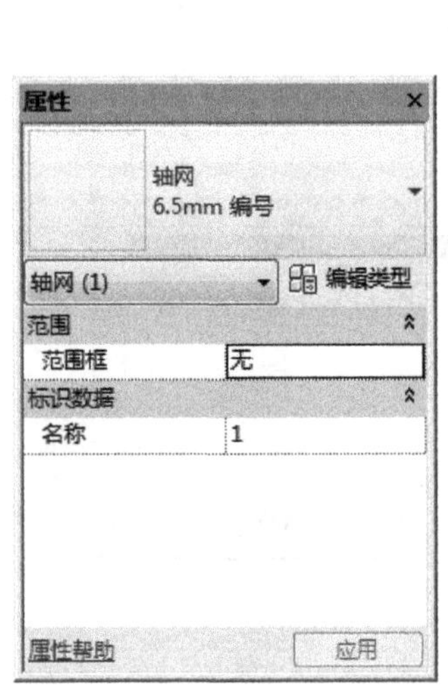

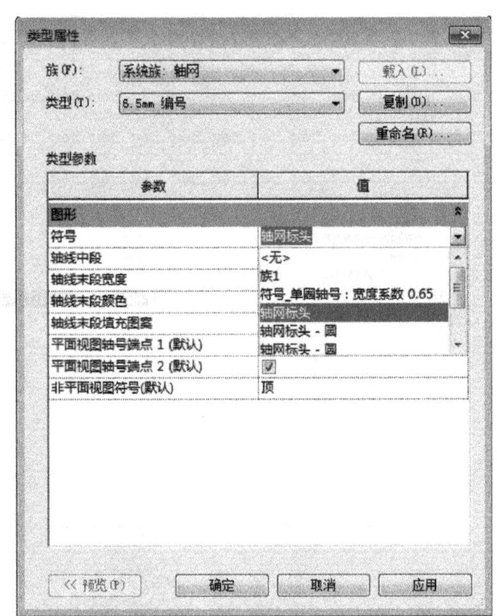

图 3-16

单击“确定”，绘制轴网，创建完成，如图 3-17 所示。

图 3-17

2. 轴网斜标头的创建

创建步骤如下：

(1)选择样板文件。单击 Autodesk Revit Architecture 2016 界面左上角的(应用程序)按钮，单击“新建”，选择“族”类型。

在“新族-选择样板文件”对话框中，打开“注释”文件夹，选择“公制轴网标头”，单击“打开”。

(2)绘制轴网标头。按照制图标准，轴号圆应用细实线绘制，直径为 8mm，定位轴线的圆心应在定位轴线的延长线上。

单击“建筑”选项卡下“详图”面板中的“直线”命令按钮，线的子类别选择“轴网标头”，删除族样板中的引线和注意事项，绘制一个直径为 8mm 的圆，圆心在参照平面交叉点处。再单击“直线”命令按钮，过圆形绘制一条 45 度的斜直径，如图 3-18 所示。

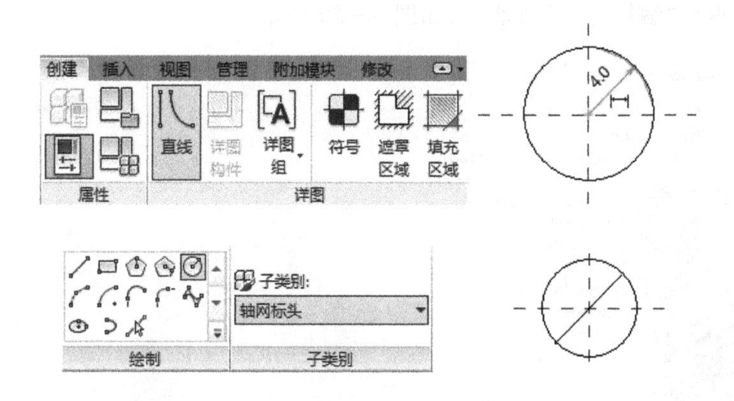

图 3-18

(3)添加标签到轴网标头，编辑标签。单击“创建”选项卡中“文字”面板中的“标签”命令，选中格式面板中的和按钮，单击标头的左侧部分，以此来确定标签的位置，弹出“编辑标签”对话框，在“类别参数”下选择“名称”，单击按钮，将“名称”添加到标签，样例值上随便写一个数字或字母，单击“确定”，如图 3-14 所示。

再次编辑标签，在“编辑标签”对话框里单击按钮，给标签二添加参数，弹出“参数属性”对话框，点击“选择”命令按钮，弹出对话框，选择“是”，如图 3-19 所示。

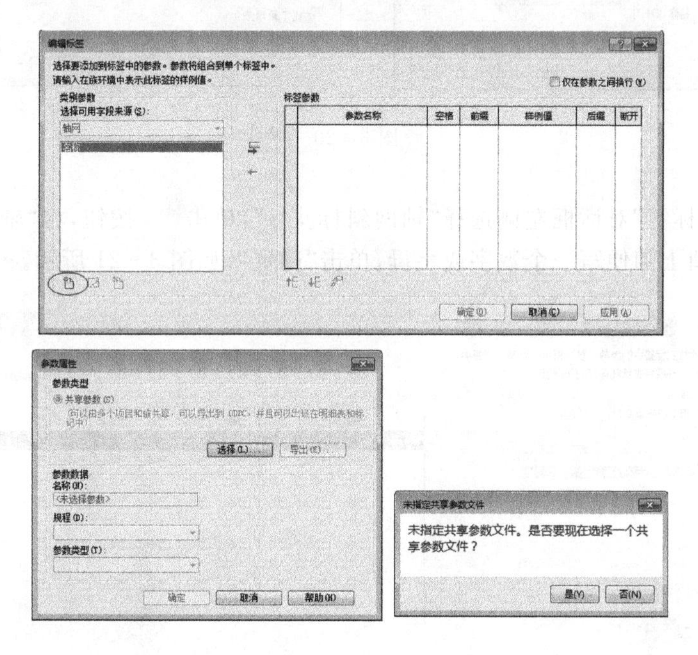

图 3-19

点击“是”后，弹出“编辑共享参数”对话框，点击“创建”命令按钮，文件命名为“轴网斜标头”，点击“确定”完成创建。返回“编辑共享参数”对话框，在“组”下点击“新建”，创建一个“新参数组”，命名为“1”(也可以命名为其他名称)，在“参数”下点击“新建”，创建一个新的“参数属性”，名称命名为“轴网斜标头 1”，“参数类型”选择为“长度”，点击“确定”创建完成，再点击“确定”，返回“编辑标签”对话框，如图 3－20 所示。

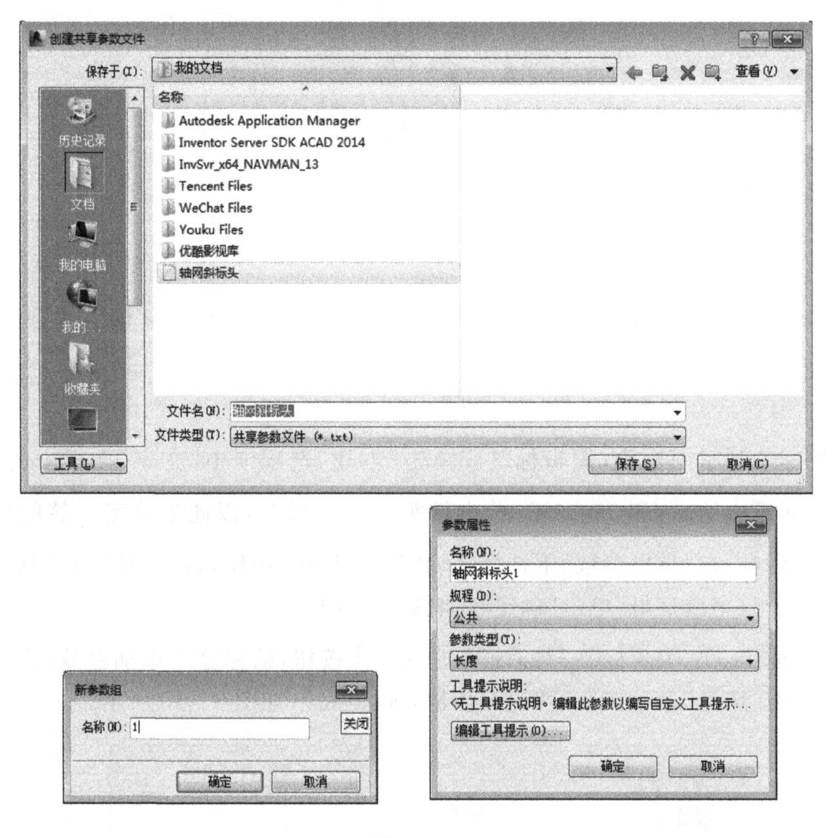

图 3－20

（4）在“编辑标签”对话框左侧选择“轴网斜标头 1”，单击按钮，将“轴网斜标头 1”添加到标签，样例值上随便写一个数字或字母，单击“确定”，如图 3－21 所示。

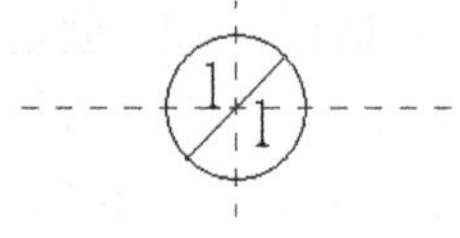

图 3－21

(5)载入项目中测试。将创建好的族另存为“轴网标头”,单击“族编辑器”面板中的“载入到项目中”命令,将创建好的轴网标头载入到项目中。进入项目里的 F1 视图,单击“建筑”选项卡中“基准”面板中的“轴网”命令,单击“属性”面板中的“类型属性”,弹出“类型属性”对话框,调整类型参数,在符号栏里使用刚载进去的符号,单击“确定”,如图 3-22 所示。

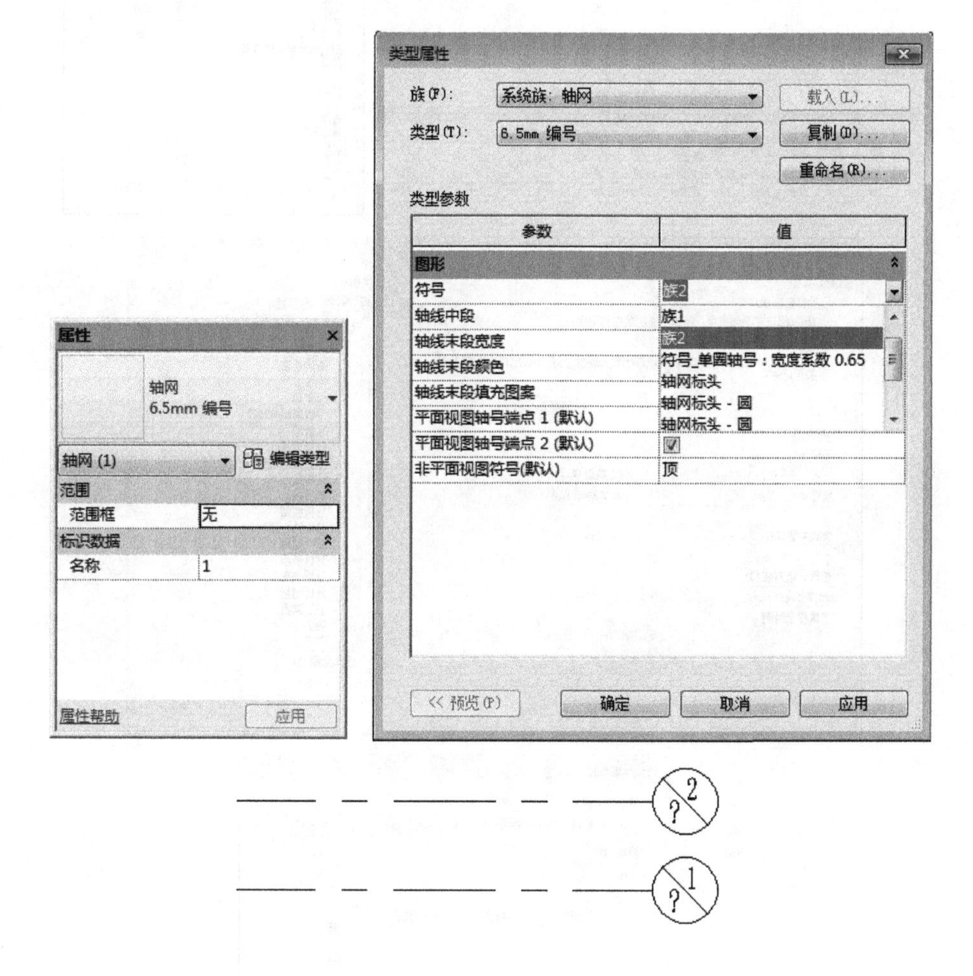

图 3-22

(6)在项目里关联共享参数。虽然我们在族里编辑了“轴网斜标头”,但是在项目里还没有识别,所以我们单击“管理”选项卡中的“项目参数”按钮,弹出“项目参数”对话框,单击“添加”命令按钮,弹出“参数属性”对话框,选择“共享参数”,再单击“选择”命令按钮,弹出“编辑共享参数”对话框,选择“轴网斜标头 1”点击“确定”,如图 3-23 所示。

点击“确定”后自动返回“参数类型”对话框,在右侧“类型”里勾选“轴网”,点击“确定”,完成关联共享参数,如图 3-24 所示。

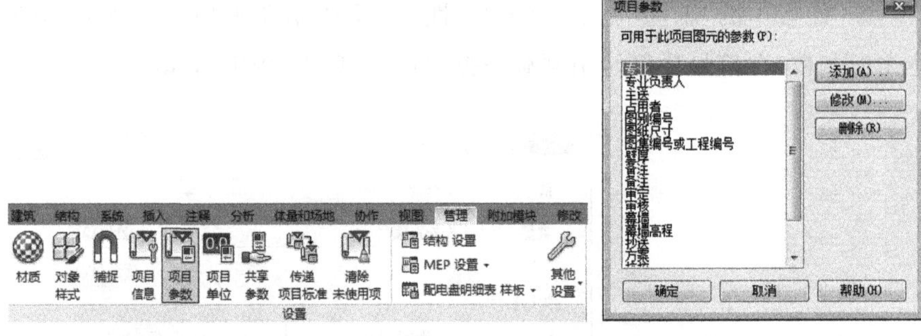
项目参数
可用于此项目图元的参数(P):
专业
专业负责人
主任
占用者
图别编号
图纸尺寸
图集编号或工程编号
建筑
备注
备注
审定
审核
幕墙
幕墙高程
抄送
方案
添加(A)...
修改(M)...
删除(R)
确定
取消
帮助(H)
建筑 结构 系统 插入 注释 分析 体量和场地 协作 视图 管理 附加模块 修改
材质
对象样式
捕捉
项目信息
项目参数
项目单位
共享参数
传递项目标准
清除未使用项
结构 设置
MEP 设置
配电盘明细表 样板
其他设置
设置
参数属性
参数类型
项目参数(P)
(可以出现在明细表中，但是不能出现在标记中)
共享参数(S)
(可以由多个项目和族共享，可以导出到 ODBC，并且可以出现在明细表和标记中)
选择(L)...
导出(X)...
参数数据
名称(N):
<未选择参数>
类型(Y)
实例(I)
规程(D):
参数类型(T):
按组类型对齐值(A)
值可能因组实例而不同(V)
参数分组方式(G):
尺寸标注
工具提示说明:
<无工具提示说明。编辑此参数以编写自定义工具提示。自定义工具提示限为 250
添加到所选类别中的全部图元(R)
类别(C)
过滤器列: <全部显示>
隐藏未选中类别(U)
HVAC 区
专用设备
体量
停车场
分析基础底板
分析墙
分析支撑
分析条形基础
分析柱
分析梁
分析楼层
分析独立基础
分析空间
分析节点
分析表面
分析链接
卫浴装置
喷头
选择全部(A)
放弃全部(E)
确定
取消
帮助(H)
编辑共享参数
共享参数文件(S):
C:\用户目录\我的文档\轴网斜标头.t
浏览(B)...
创建(C)...
参数组(G):
1
参数(P):
轴网斜标头1
参数
新建(N)...
属性(O)...
移动(M)...
删除(D)
组
新建(E)...
重命名(R)...
删除(L)
确定
取消
帮助(H)

图 3－23

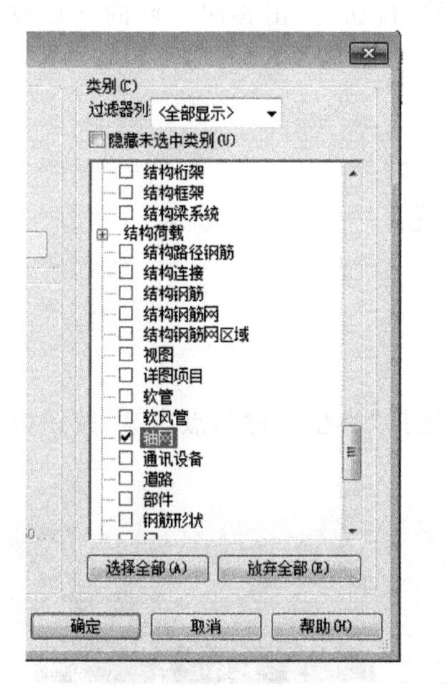

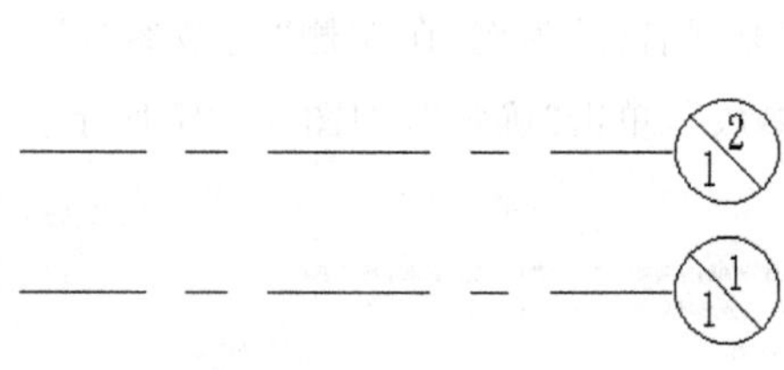

图 3 - 24

3.2 标记类注释族

3.2.1 门标记的方法与步骤

(1)在应用程序菜单中选择“新建”→“族”→“注释”→“公制门标记”,单击“打开”按钮,如图 3 - 25 所示。

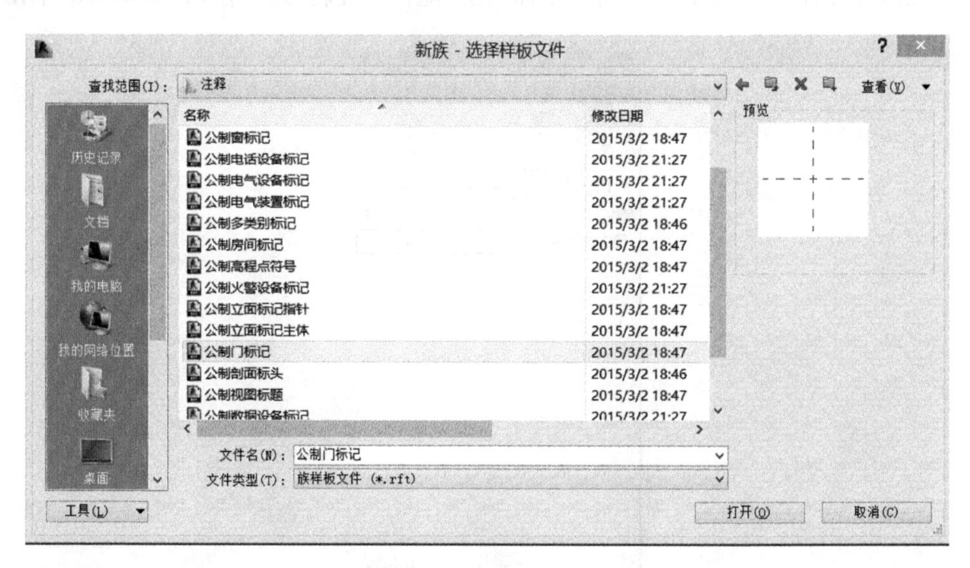

图 3 - 25

(2)单击“创建”选项卡下的“文字”面板中“标签”按钮,点击参照平面的交点放置标签,如图 3-26 所示。

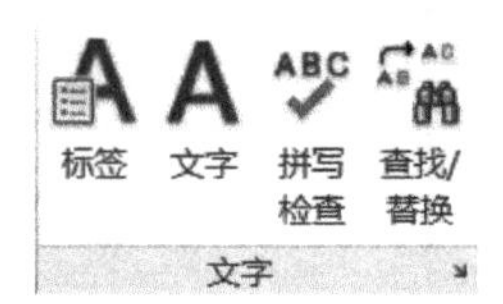

图 3-26

(3)以“类型名称”为例,在左侧“类型参数”中选择“类型名称”,点击 按钮,使参数添加到“标签参数”,单击“确定”,如图 3-27 所示。

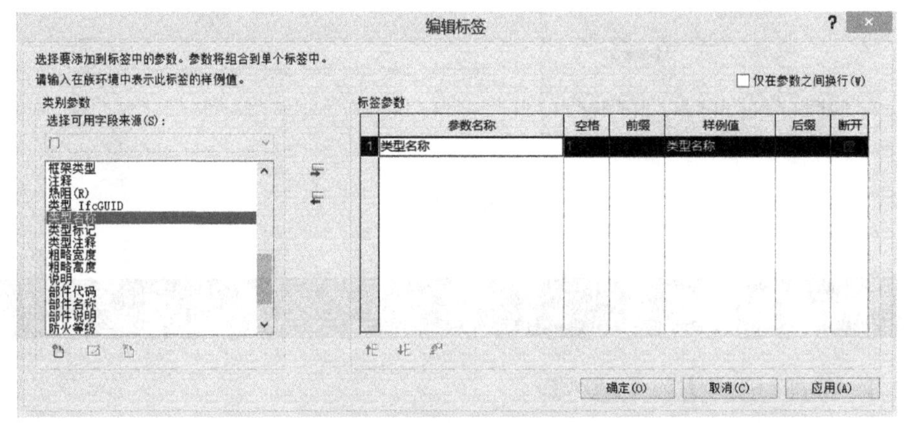

图 3-27

(4)在添加完标签后,要在类型属性里面勾上“随构件旋转”这一栏,如图 3-28 所示。

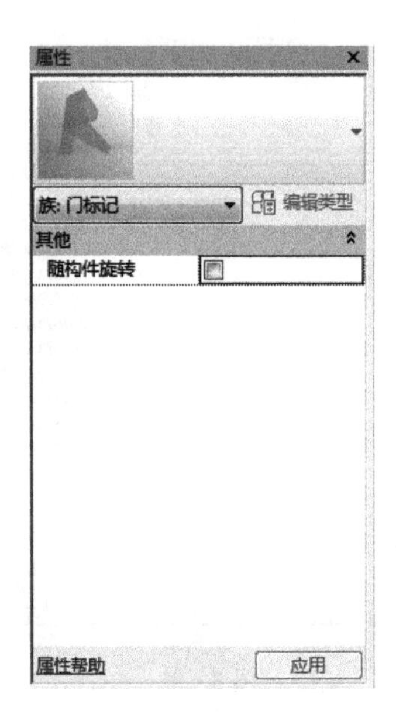

图 3-28

(5)选择刚刚创建的标签,在属性对话框中选择“编辑类型”,在“类型属性”对话框中修改标签属性,如图 3-29 所示。

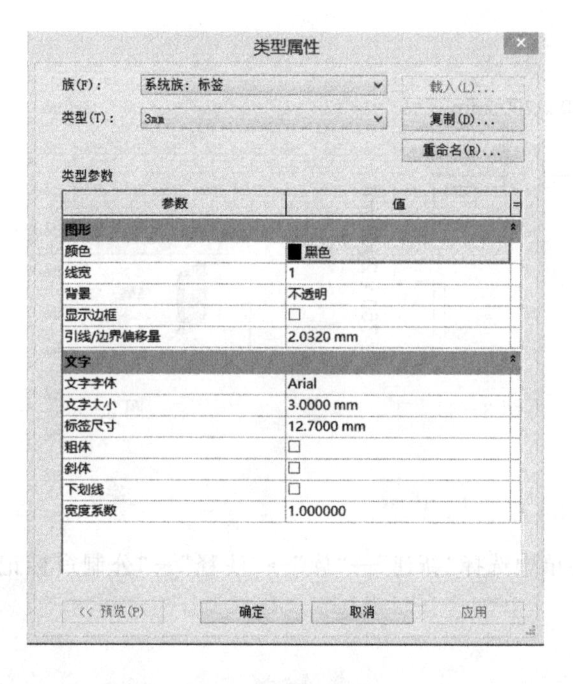

图 3-29

(6)新建一个建筑样板,任意画面墙,墙上附着一扇门,如图 3-30 所示。

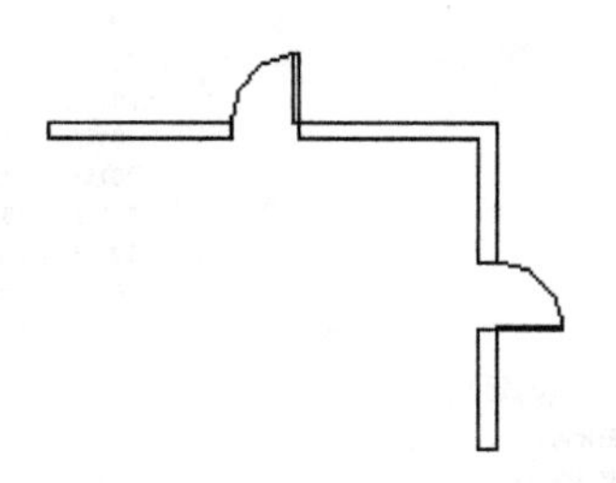

图 3-30

(7)按 Ctrl+Tab 组合键切换回创建族样板,单击“修改”选项下的“族编辑器”面板“载入到项目”按钮,如图 3-31 所示。

图 3-31

(8)点击在建筑样板中创建的门,如图 3-32 所示。

(9)选择创建的门,刚刚创建的“类型名称”与注释属性对话框中名称一致,如图 3-33 所示。

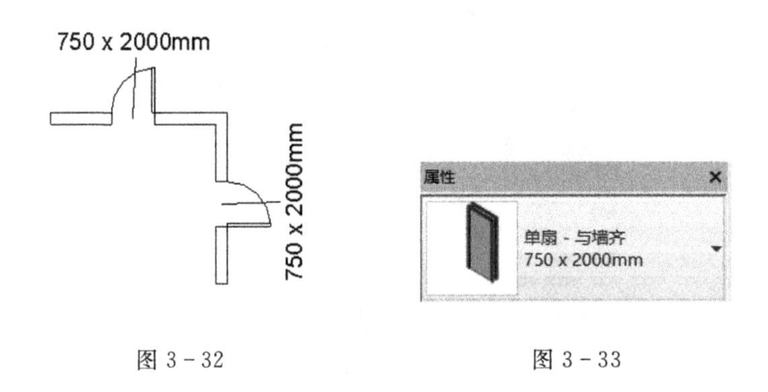

图 3-32　　图 3-33

3.2.2　窗标记的方法与步骤

(1)在应用程序菜单中选择“新建”→“族”→“注释”→“公制窗标记”,单击“打开”按钮,如图 3-34 所示。

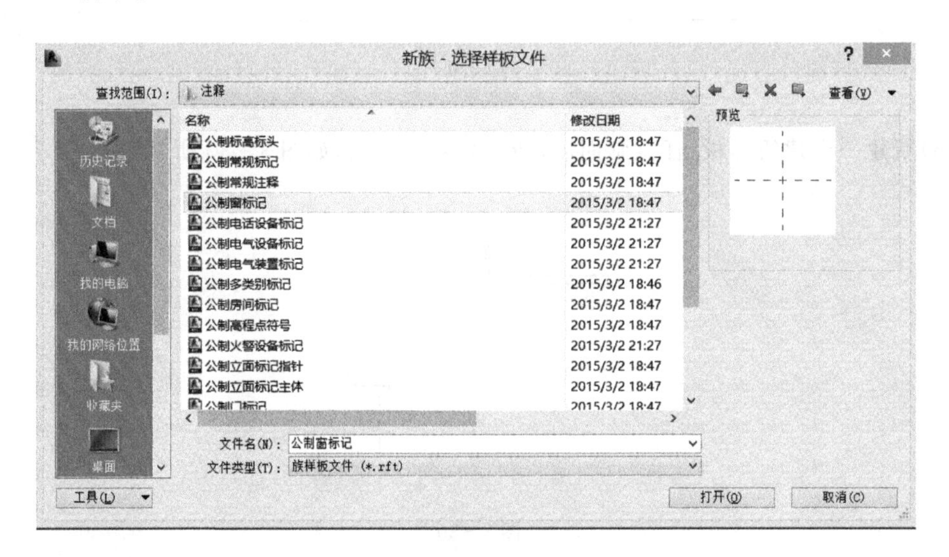

图 3-34

(2)单击“创建”选项下的“文字”面板中“标签”按钮,点击参照平面的交点放置标签。

(3)以“类型名称”为例,在左侧“类型参数”中选择“类型名称”,点击 按钮,使参数添加到“标签参数”,单击“确定”,如图 3-35 所示。

(4)在添加完标签后,要在类型属性里面勾上“随构件旋转”这一栏,如图 3-36 所示。

(5)选择刚刚创建的标签,在属性对话框中选择“编辑类型”,在“类型属性”对话框中修改标签属性,如图 3-37 所示。

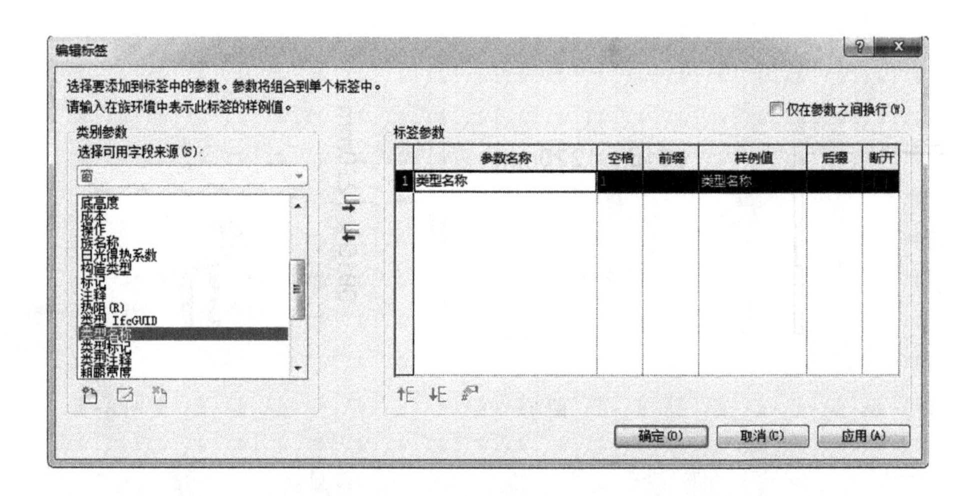

图 3-35

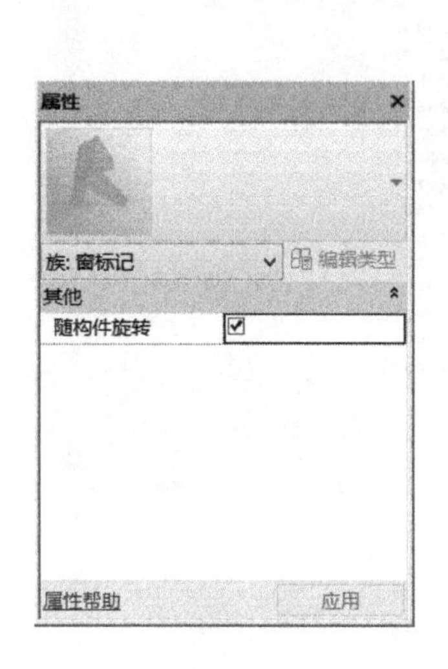

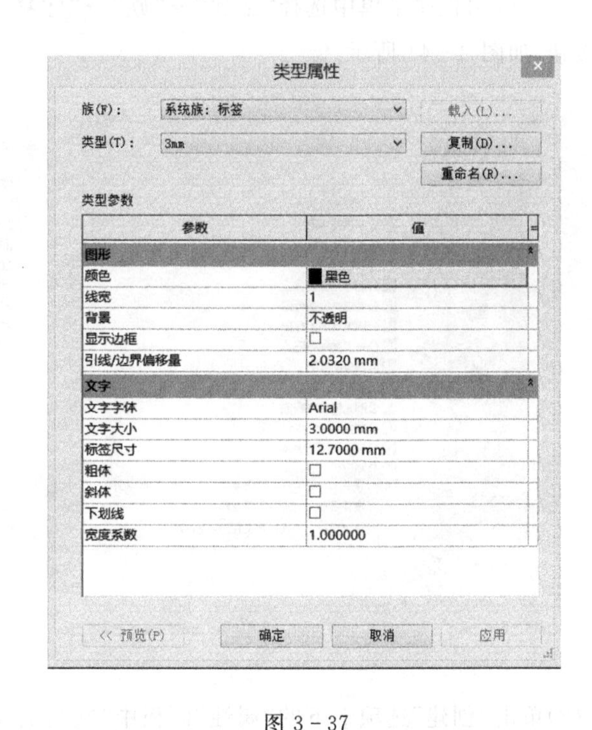

图 3-36　　图 3-37

(6)新建一个建筑样板,任意画面墙,墙上附着一扇窗,如图 3-38 所示。

(7)按 Ctrl+Tab 组合键切换回创建族样板,单击"修改"选项卡的"族编辑器"面板"载入到项目"按钮。

(8)点击在建筑样板中创建的窗,如图 3-39 所示。

(9)选择创建的窗,刚刚创建的"类型名称"与注释属性对话框中名称一致,如图 3-40 所示。

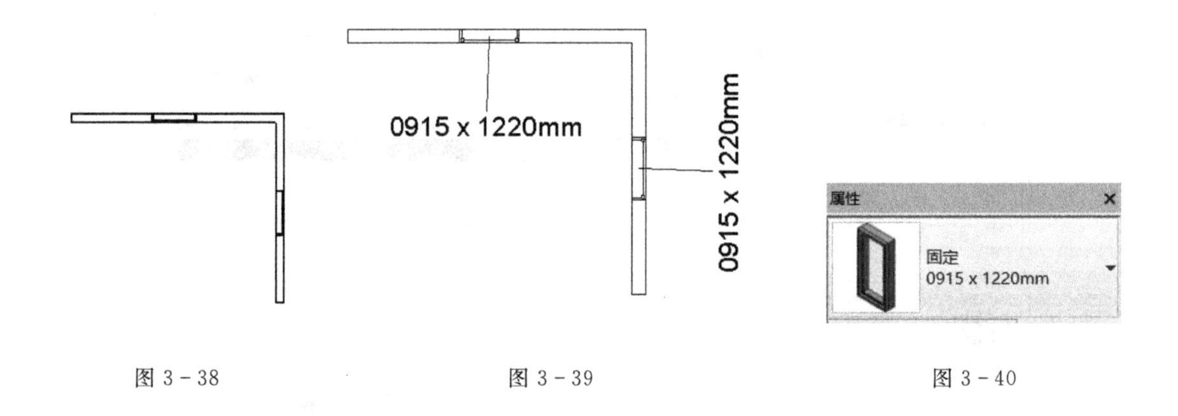

图 3－38　　图 3－39　　图 3－40

3.2.3　材质标记的方法与步骤

(1)在应用程序菜单中选择“新建”→“族”→“注释”→“公制常规注释”族样板，单击“打开”按钮，如图 3－41 所示。

图 3－41

(2)单击“创建”选项卡下的“属性”面板中“族类别和族参数”按钮，如图 3－42 所示。

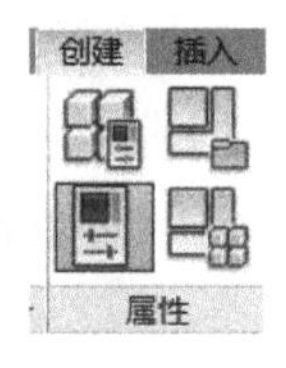

图 3－42

(3)在“族类别和族参数”对话框中，将族类别设置为“材质标记”，并勾选“随构件旋转”，如图 3－43 所示。

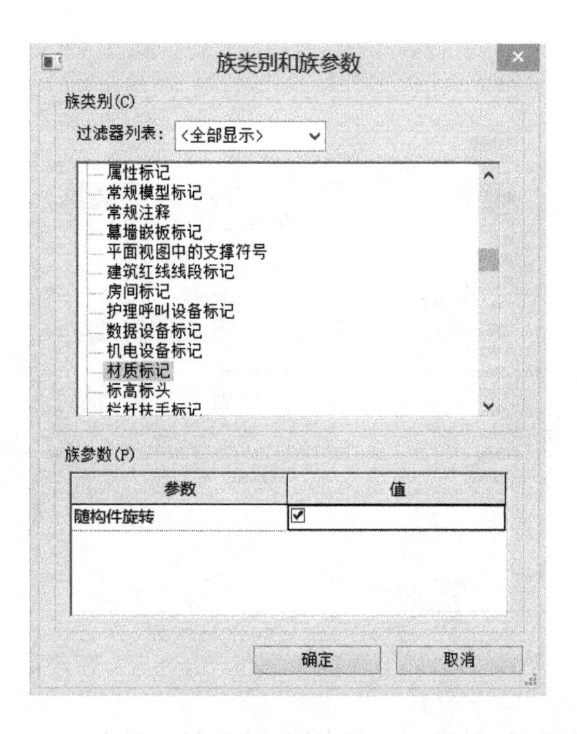

图 3－43

(4)单击“创建”选项卡下的“文字”面板中“标签”按钮，点击参照平面的交点放置标签。

(5)以“名称”为例，在左侧“类型参数”中选择“名称”，点击 按钮，使参数添加到“标签参数”，单击“确定”。如图 3－44 所示。

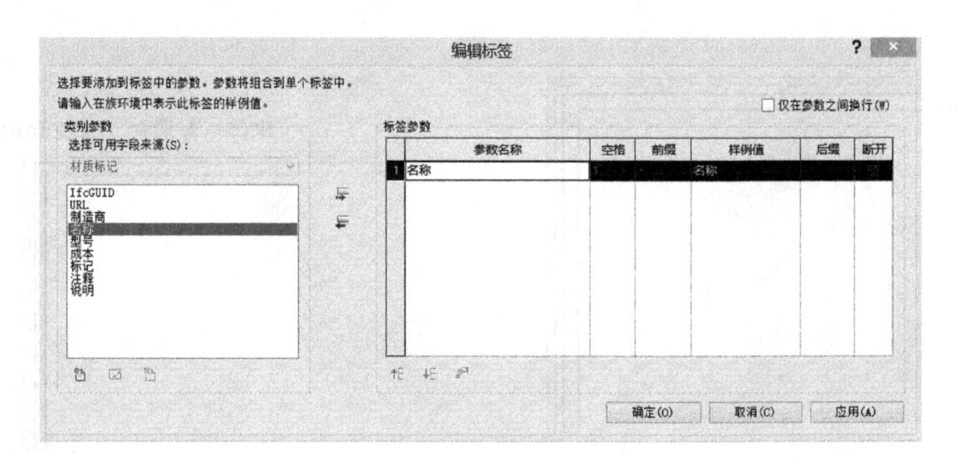

图 3－44

(6)选择刚刚创建的标签，在属性对话框中选择“编辑类型”，在“类型属性”对话框中修改标签属性。如图 3－45 所示。

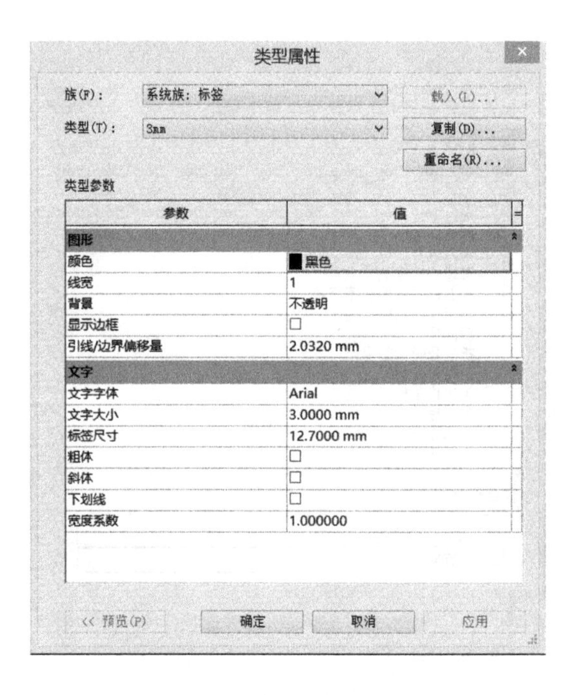

图 3-45

(7)新建一个建筑样板，创建一面基本墙-带砖与金属立筋龙骨复合墙，如图 3-46 所示。

(8)按 Ctrl+Tab 组合键切换回创建族样板，单击"修改"选项下的"族编辑器"面板"载入到项目"按钮。

(9)单击墙的某种材质，如图 3-47 所示。

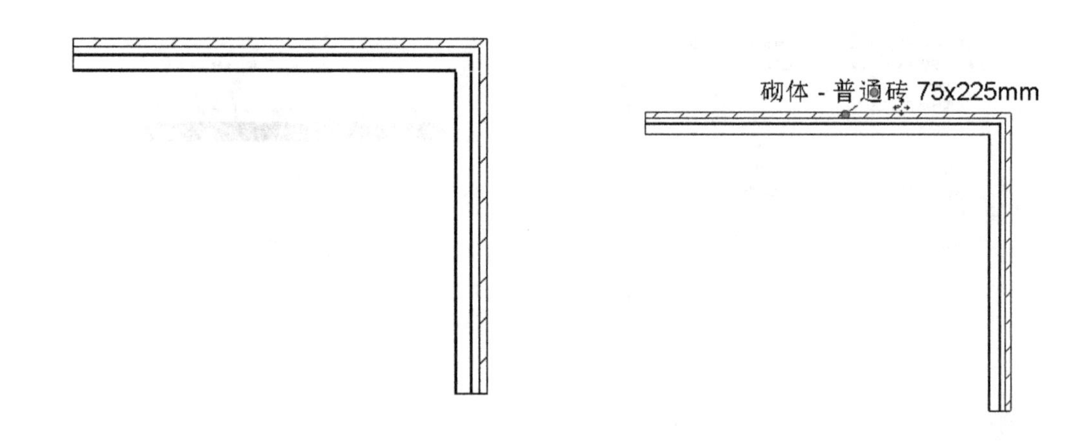

图 3-46　　　　图 3-47

3.3 标题栏

新建族，选择“标题栏”，然后选择图纸大小或自定义图纸大小，如图 3-48 所示。

图 3-48

选择图纸大小后开始创建标题栏。

首先，用宽线绘制图框，如图 3-49 所示。

单击选择所绘制的线，在属性框的子类别中修改线宽，如图 3-50 所示。

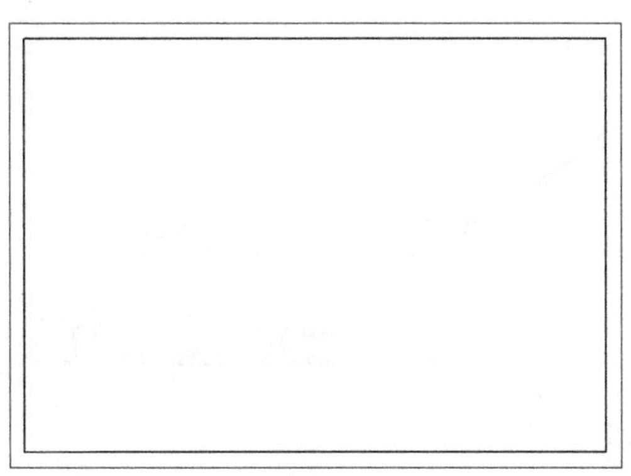

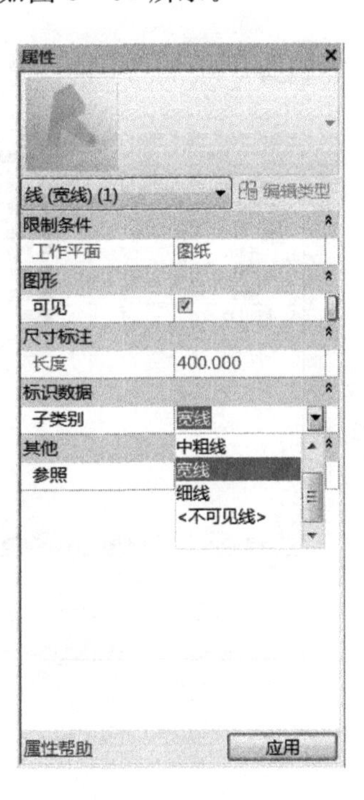

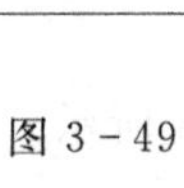

图 3-49

图 3-50

也可以点击“视图”选项卡→“图形”面板→“可见性/图形”修改线性，如图 3－51 所示。

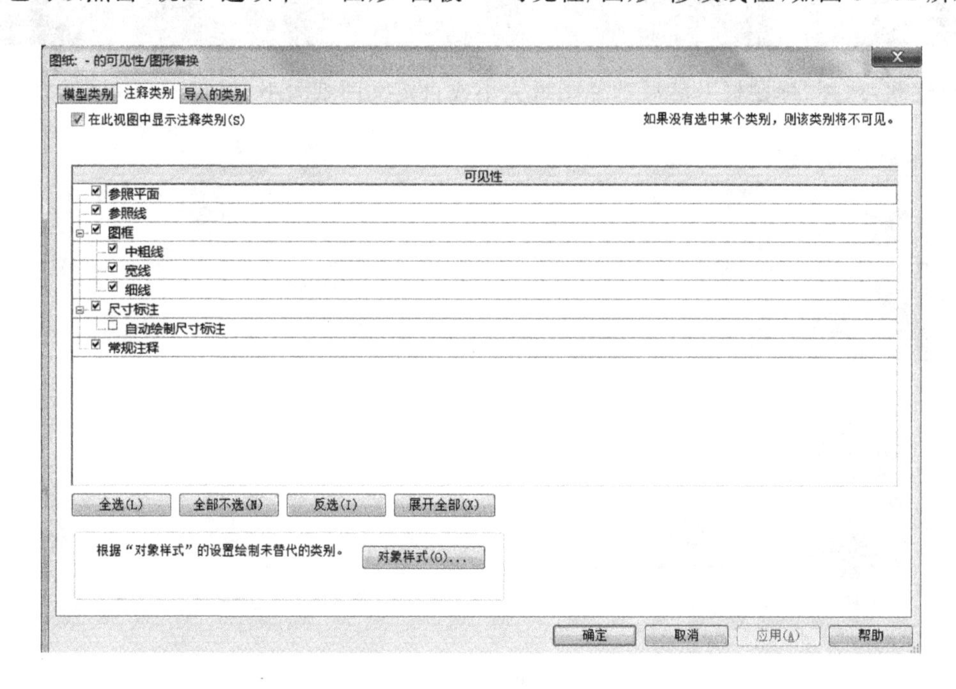

图 3－51

点开图 3－51 中的“对象样式”，弹出“对象样式”对话框，点击“图框”然后再点击“新建”，如图 3－52 所示。

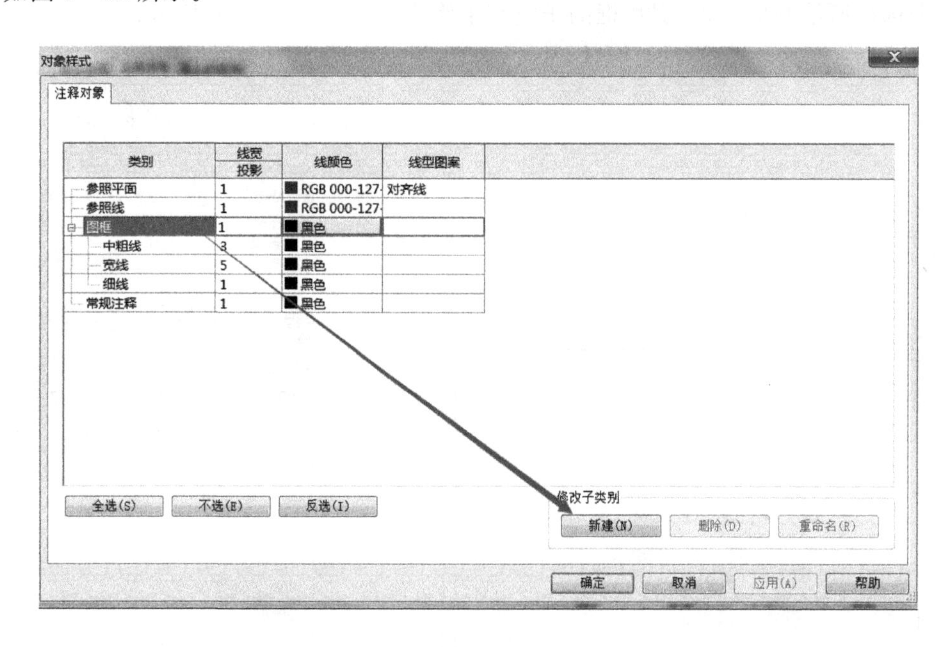

图 3－52

输入自己所建的线性名称，然后点击“确定”，如图 3－53 所示。

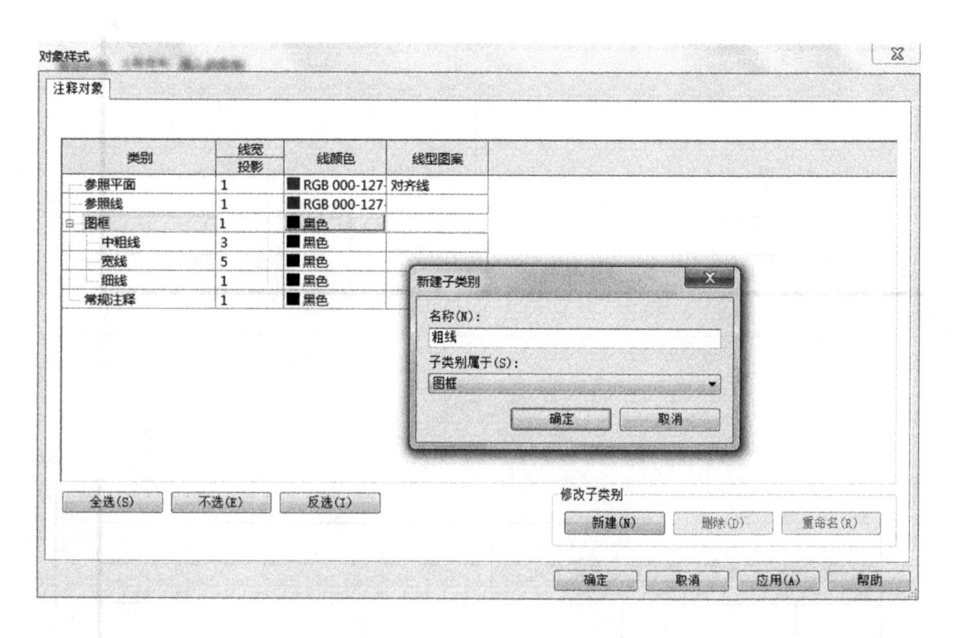

图 3 - 53

然后再修改“线宽投影”“线颜色”“线型图案”，修改完成后点击“确定”，如图 3 - 54 所示。

对象样式

注释对象

类别	线宽 投影	线颜色	线型图案
参照平面	1	RGB 000-127-	对齐线
参照线	1	RGB 000-127-	
图框	1	黑色	
中粗线	3	黑色	
宽线	5	黑色	
粗线	1	黑色	实线
细线	1	黑色	
常规注释	1	黑色	

全选(S) 不选(E) 反选(I)

修改子类别：新建(N) 删除(D) 重命名(R)

确定 取消 应用(A) 帮助

图 3 - 54

根据标题栏规定尺寸大小，在图框内部右下角绘制其标题栏，如图 3 - 55 所示。

在“创建”选项卡下面的“文字”选项框里选择“文字”，为标题栏添加相应的内容，如图 3 - 56所示。

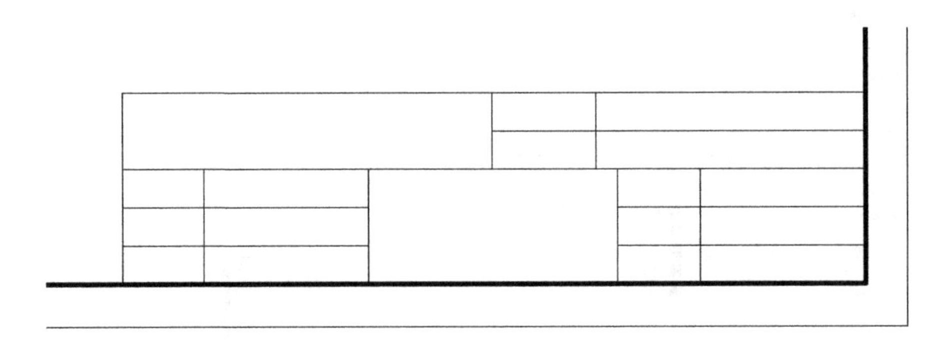

图 3－55

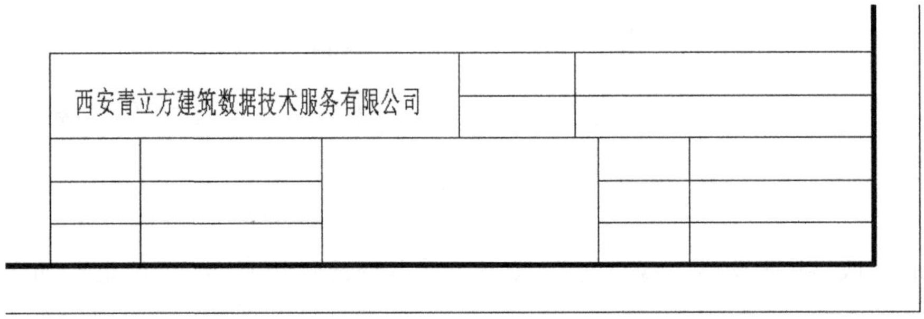

西安青立方建筑数据技术服务有限公司

图 3－56

点击添加的文字，在“属性”框里的“编辑类型”中修改颜色、背景、文字字体、文字大小、宽度系数等参数，如图 3－57 所示。

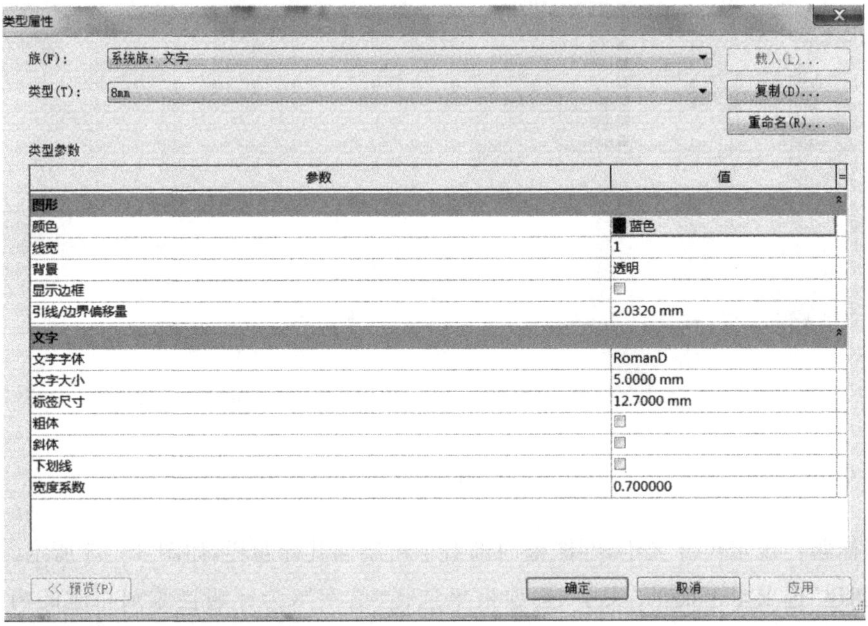

类型属性

族(F)： 系统族：文字　　载入(L)...

类型(T)： 8mm　　复制(D)...

重命名(R)...

类型参数

参数	值
图形	
颜色	蓝色
线宽	1
背景	透明
显示边框	☐
引线/边界偏移量	2.0320 mm
文字	
文字字体	RomanD
文字大小	5.0000 mm
标签尺寸	12.7000 mm
粗体	☐
斜体	☐
下划线	☐
宽度系数	0.700000

<< 预览(P)　　确定　　取消　　应用

图 3－57

将所有的文字内容添加完成后，如图 3－58 所示，就开始在文字后添加标签。

西安青立方建筑数据技术服务有限公司			项目名称		
			建设单位		
项目负责			设计编号		
项目审核			图号		
项目制图			出图日期		

图 3－58

在“创建”选显卡下面的“文字”选项框里选择“标签”为标题栏添加与文字相对应的内容，如图 3－59 所示，在项目名称后面选择添加“项目名称”的标签，可以在样例值中修改名称，也可以不作修改，等载入项目后在类型属性中修改。

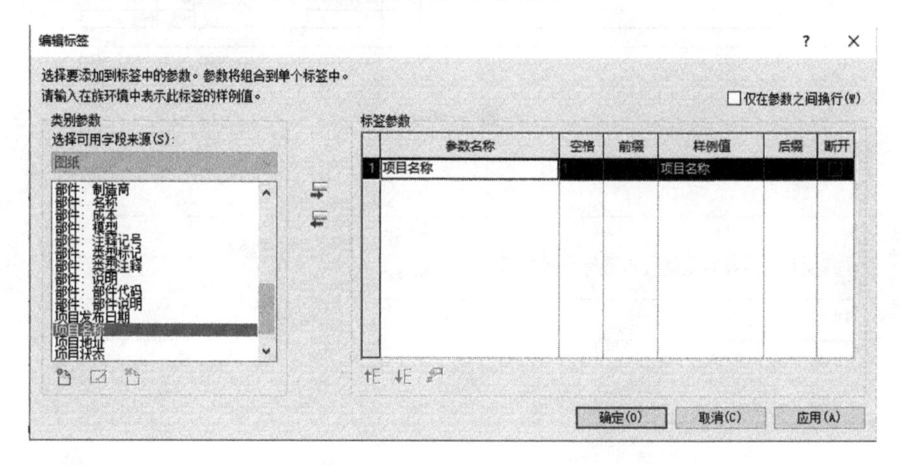

图 3－59

所有标签添加完成后，就可以载入到项目中，如图 3－60 所示。

西安青立方建筑数据技术服务有限公司			项目名称	项目名称
			建设单位	建设单位
项目负责	项目负责	图纸名称	设计编号	设计编号
项目审核	项目审核		图号	图号
项目制图	项目制图		出图日期	2002 年 1 月 1 日

图 3－60

载入到项目中之后，在项目浏览器中右击“图纸”新建图纸，选择我们做的族，确定选择。如图 3－61 和图 3－62 所示。

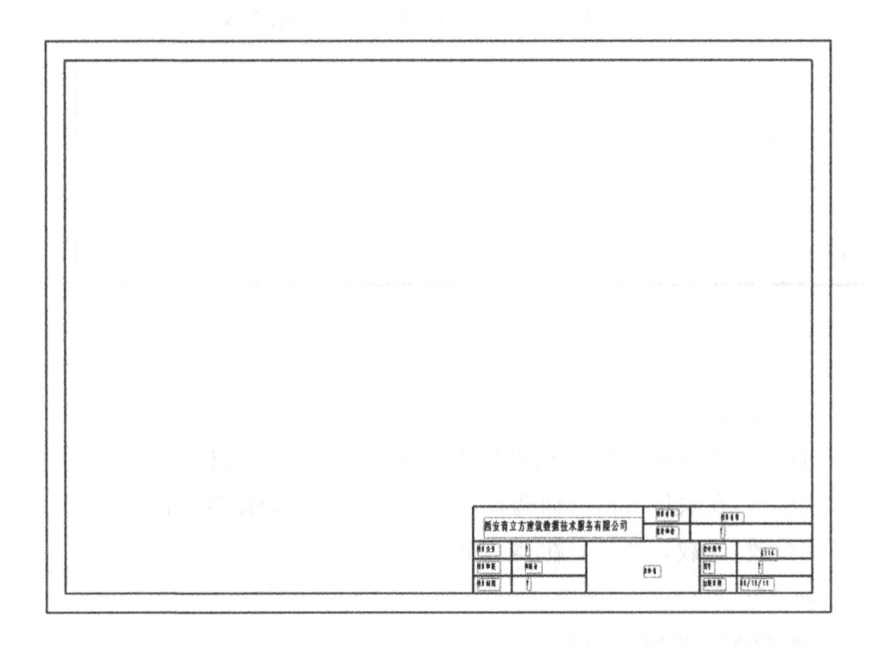

图 3-61

西安青立方建筑数据技术服务有限公司		项目名称	项目名称	
		建设单位	?	
项目负责	?	未命名	设计编号	A114
项目审核	审核者		图号	?
项目制图	?		出图日期	08/19/16

图 3-62

然后点击标签修改内容，如图 3-63 所示。

西安青立方建筑数据技术服务有限公司		项目名称	青立方1#住宅楼	
		建设单位	?	
项目负责	?	未命名	设计编号	建施001
项目审核	桑海		图号	?
项目制图	?		出图日期	2016/8/19

图 3-63

标题栏里的四个"?"暂时是无法修改的，我们需要在"管理"选项卡下的"项目参数"中添加共享参数，如图 3-64 所示。

图 3-64

然后在共享参数中选择我们之前所添加的参数，如图 3-65 所示。

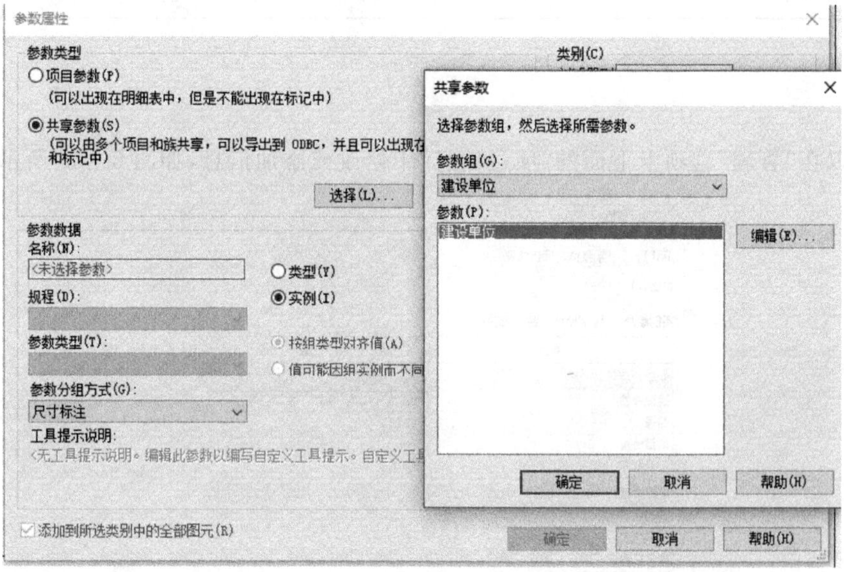

图 3-65

点击“确定”后，再在类别中勾选“项目信息”，如图 3-66 所示。

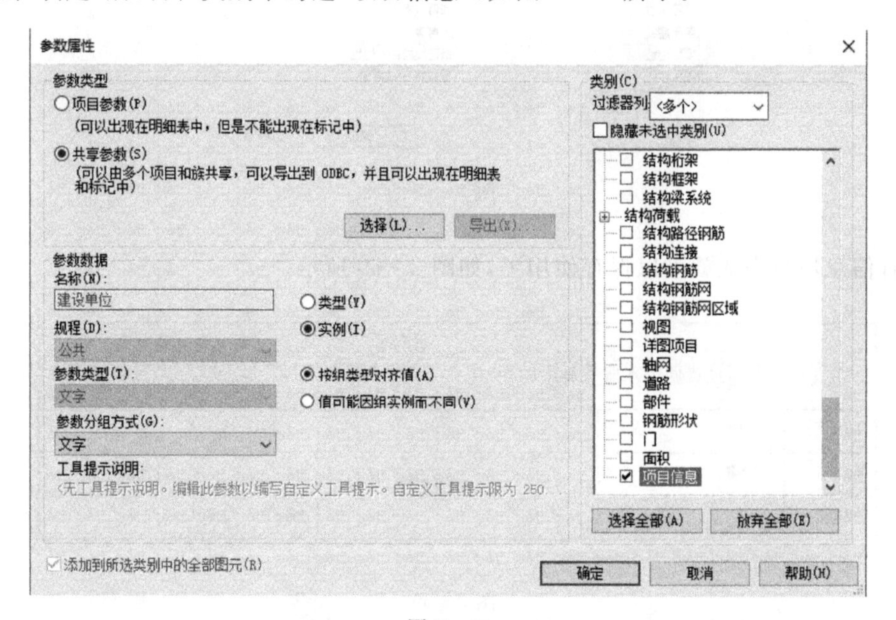

图 3-66

然后再点击“确定”。此时，点击“?”就可以直接添加信息，如图 3－67 所示。

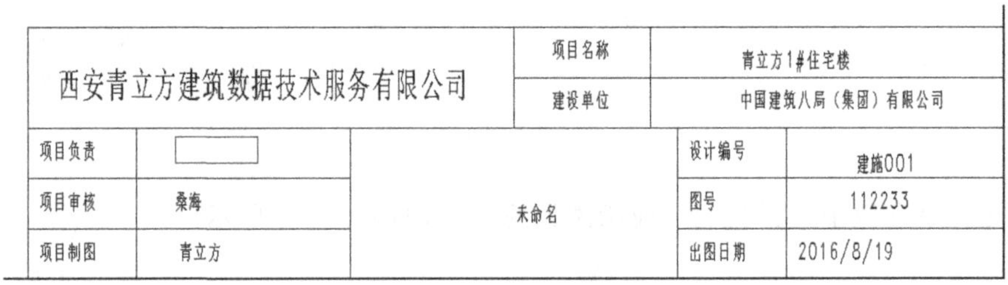

西安青立方建筑数据技术服务有限公司		项目名称	青立方1#住宅楼	
		建设单位	中国建筑八局（集团）有限公司	
项目负责		未命名	设计编号	建施001
项目审核	桑海		图号	112233
项目制图	青立方		出图日期	2016/8/19

图 3－67

也可以在“管理”选项卡下面的“项目信息”中修改或添加信息，如图 3－68 所示。

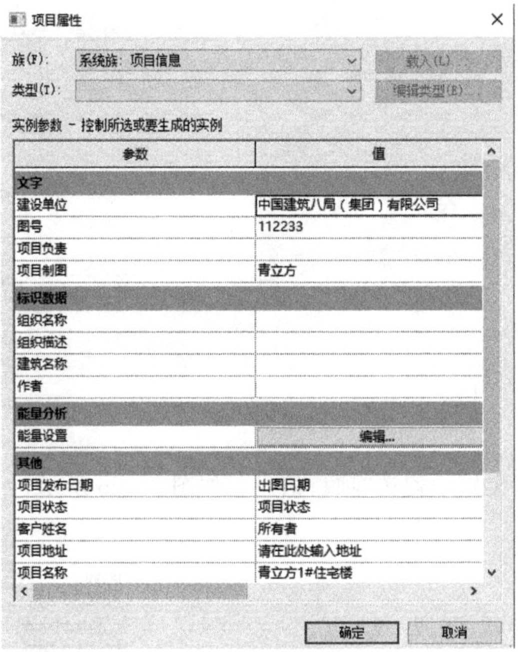

项目属性

族(F)： 系统族：项目信息　　载入(L)...

类型(T)：　　编辑类型(E)...

实例参数 － 控制所选或要生成的实例

参数	值
文字	
建设单位	中国建筑八局（集团）有限公司
图号	112233
项目负责	
项目制图	青立方
标识数据	
组织名称	
组织描述	
建筑名称	
作者	
能量分析	
能量设置	编辑...
其他	
项目发布日期	出图日期
项目状态	项目状态
客户姓名	所有者
项目地址	请在此处输入地址
项目名称	青立方1#住宅楼

确定　取消

图 3－68

所有信息填写完成就可以保存使用了，如图 3－69 所示。

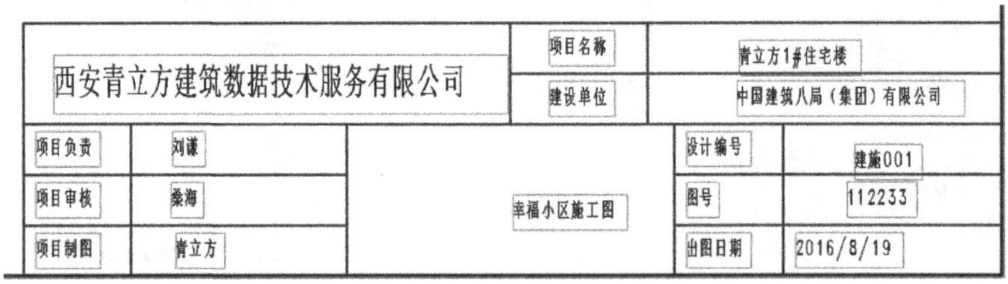

西安青立方建筑数据技术服务有限公司		项目名称	青立方1#住宅楼	
		建设单位	中国建筑八局（集团）有限公司	
项目负责	刘谦	幸福小区施工图	设计编号	建施001
项目审核	桑海		图号	112233
项目制图	青立方		出图日期	2016/8/19

图 3－69

第 4 章　轮廓族

4.1　创建墙饰条轮廓族

新建族，选择“公制轮廓”族样板，如图 4－1 所示。

图 4－1

绘制墙饰条轮廓，选择直线命令进行绘制，如图 4－2 所示。

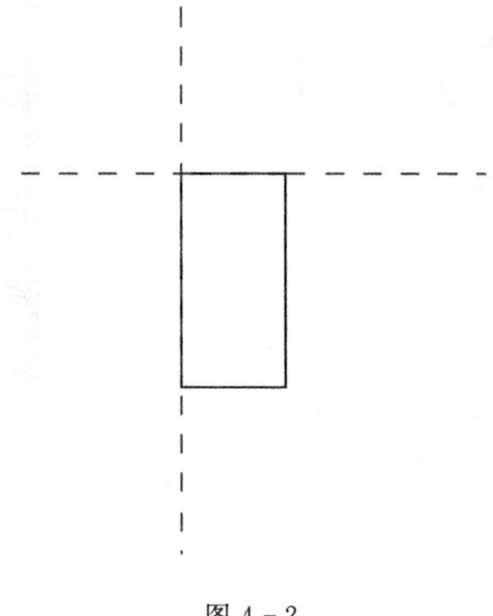

图 4－2

在“属性”对话框，将轮廓用途设置为“墙饰条”，如图 4－3 所示。

载入项目，选择“建筑”选项卡下的“墙”命令，打开下拉菜单，选择“墙：饰条”，如图 4－4 所示。

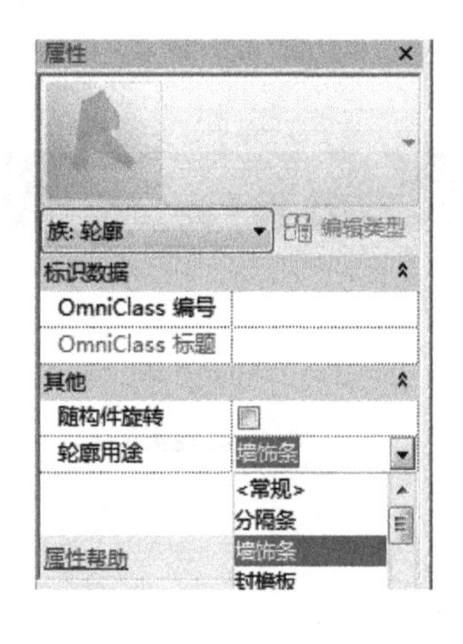

图 4－3

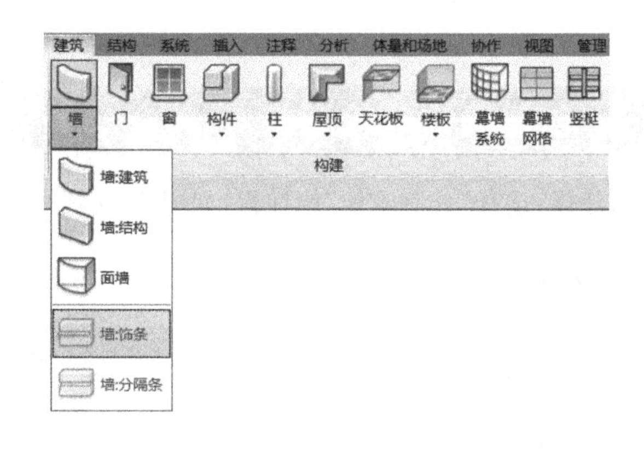

图 4－4

打开“类型属性”对话框，在构造栏中将轮廓设置为之前载入进来的族，如图 4－5 所示。

放置墙饰条，如图 4－6 所示。

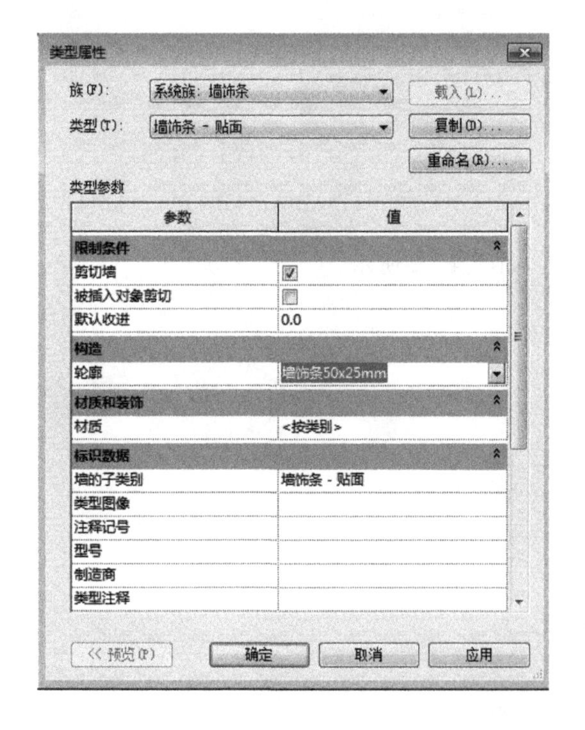

图 4－5

图 4－6

4.2 创建分隔缝轮廓族

新建族，选择“公制轮廓”族样板，如图 4－1 所示。

绘制分隔缝轮廓，选择直线命令进行绘制，如图 4－7 所示。

在“属性”对话框，将轮廓用途设置为“分隔条”，如图 4－8 所示。

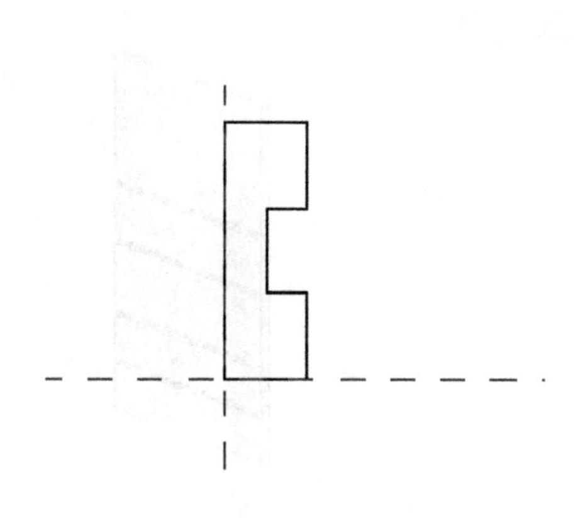

图 4－7

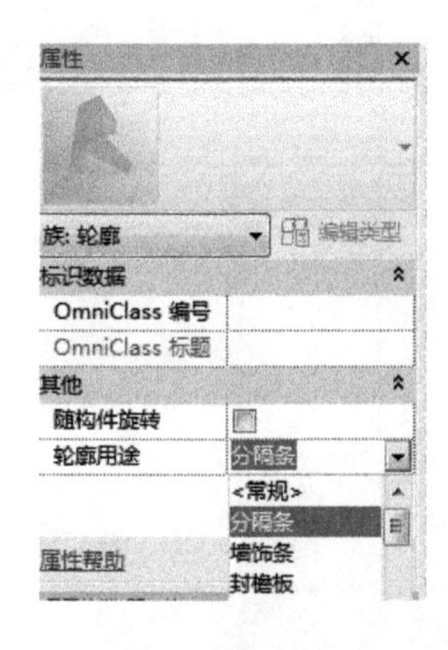

图 4－8

载入项目中，在“建筑”选项卡下选择“墙”命令，打开下拉菜单，选择“墙:分隔条”，如图 4－9所示。

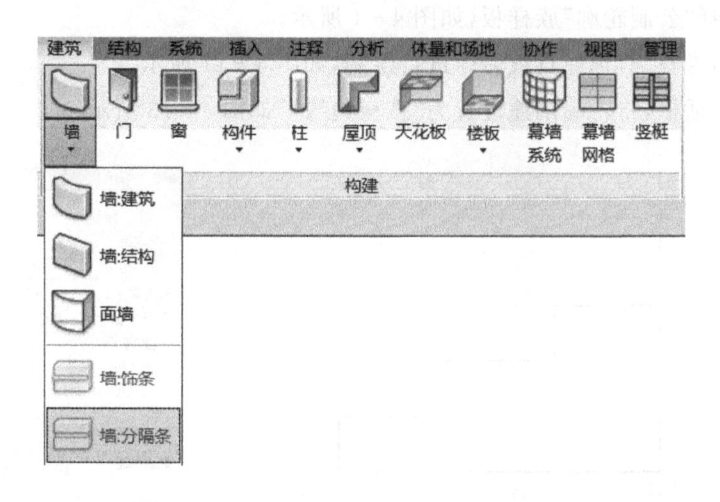

图 4－9

打开“类型属性”对话框，在构造栏中将轮廓设置为之前载入进来的族，如图 4－10 所示。

放置分隔缝，如图 4－11 所示。

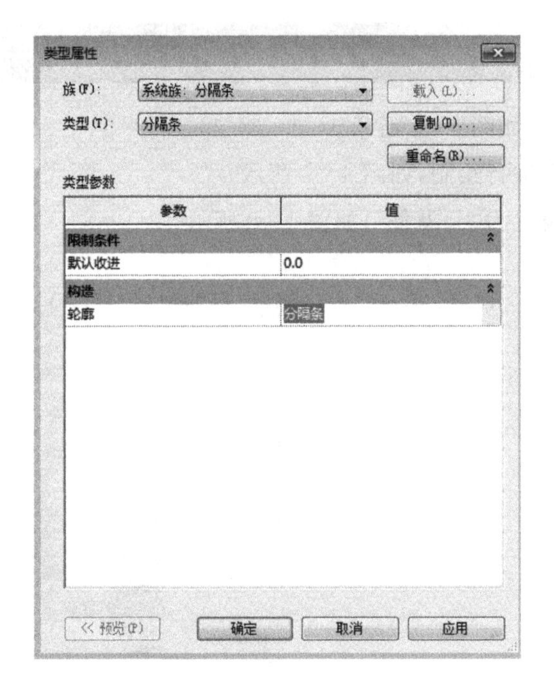

图 4-10

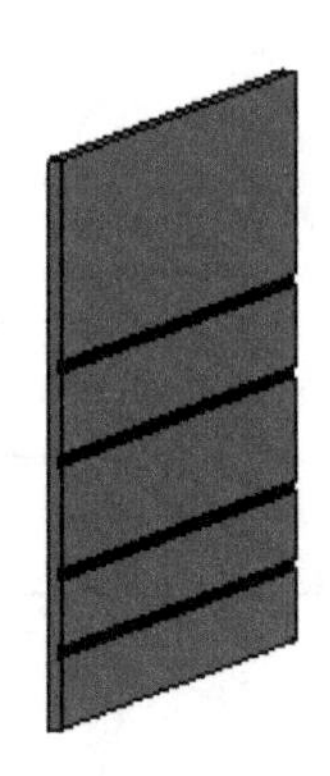

图 4-11

4.3 创建楼板边缘轮廓族

新建族,选择"公制轮廓"族样板,如图 4-1 所示。

绘制楼板边缘轮廓,选择直线命令进行绘制,如图 4-12 所示。

在"属性"对话框,将轮廓用途设置为"楼板边缘",如图 4-13 所示。

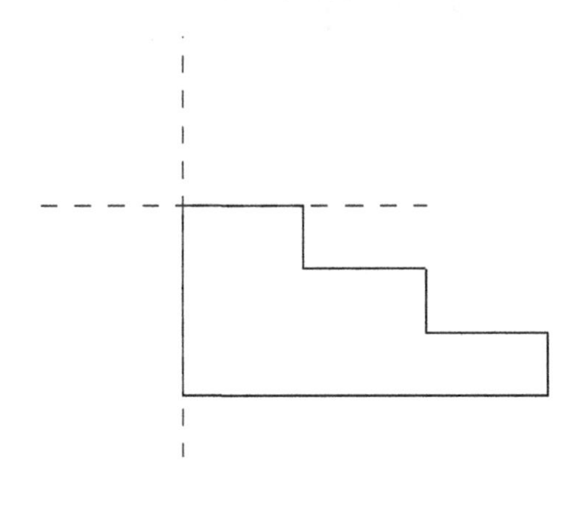

图 4-12

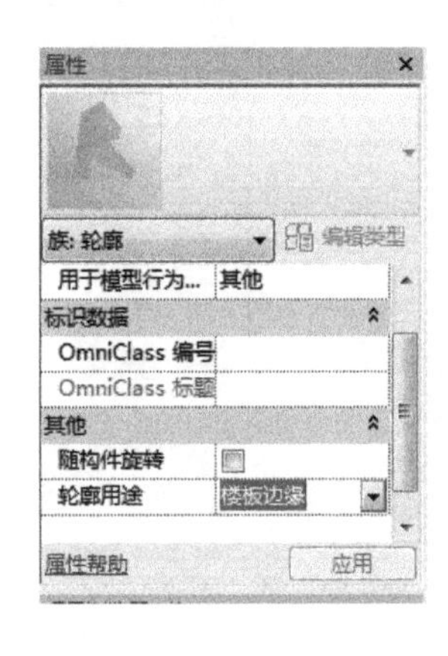

图 4-13

载入项目中,在"建筑"选项卡下选择"楼板"命令,打开下拉菜单,选择"楼板:楼板边",如图 4-14 所示。

图 4-14

打开“类型属性”对话框，在构造栏中将轮廓设置为之前载入进来的族，如图 4-15 所示。

类型属性

族(F): 系统族：楼板边缘　　载入(L)...

类型(T): 楼板边缘　　复制(D)...

重命名(R)...

类型参数

参数	值
构造	
轮廓	楼板边缘
材质和装饰	
材质	<按类别>
标识数据	
类型图像	
注释记号	
型号	
制造商	
类型注释	
URL	
说明	
部件说明	
部件代码	
类型标记	

<< 预览(P)　确定　取消　应用

图 4-15

放置楼板边缘，如图 4-16 所示。

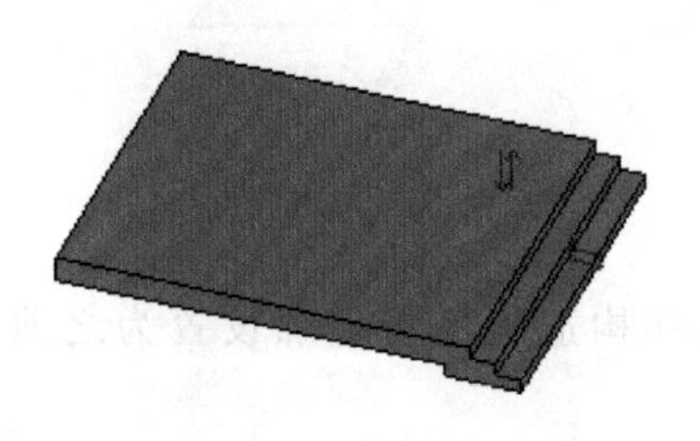

图 4-16

4.4 创建封檐板轮廓族

新建族，选择“公制轮廓”族样板，如图 4－1 所示。

绘制楼板边缘轮廓，选择直线命令进行绘制，如图 4－17 所示。

在“属性”对话框，将轮廓用途设置为“封檐板”，如图 4－18 所示。

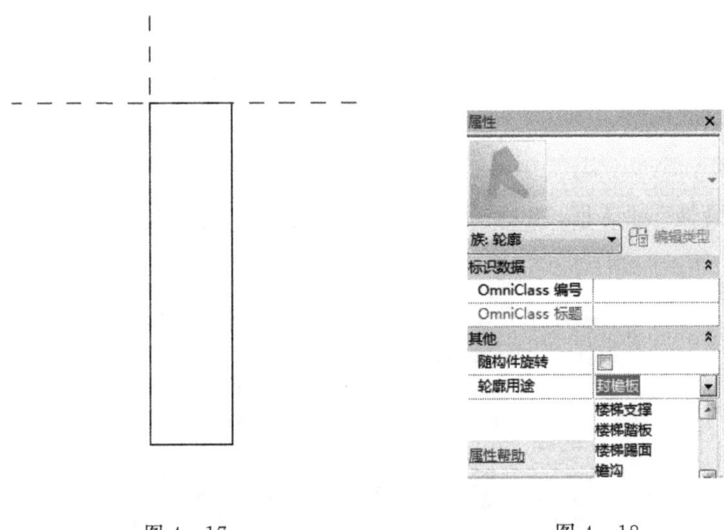

图 4－17　　　　图 4－18

载入项目中，在“建筑”选项卡下选择“屋顶”命令，打开下拉菜单，选择“屋顶：封檐板”，如图 4－19 所示。

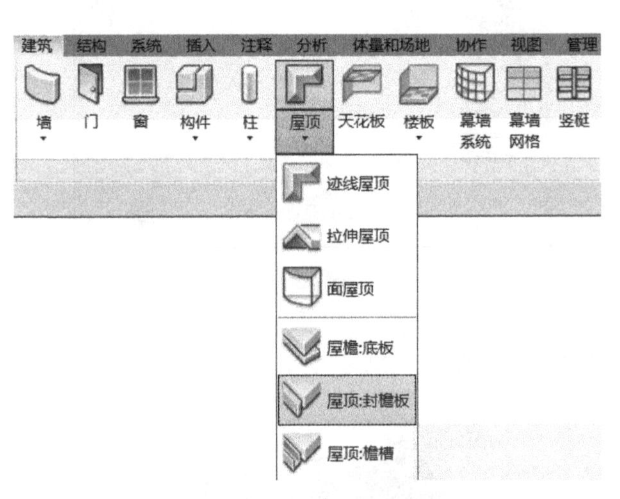

图 4－19

打开“类型属性”对话框，在构造栏中将轮廓设置为之前载入进来的族，如图 4－20 所示。

放置封檐板，如图 4－21 所示。

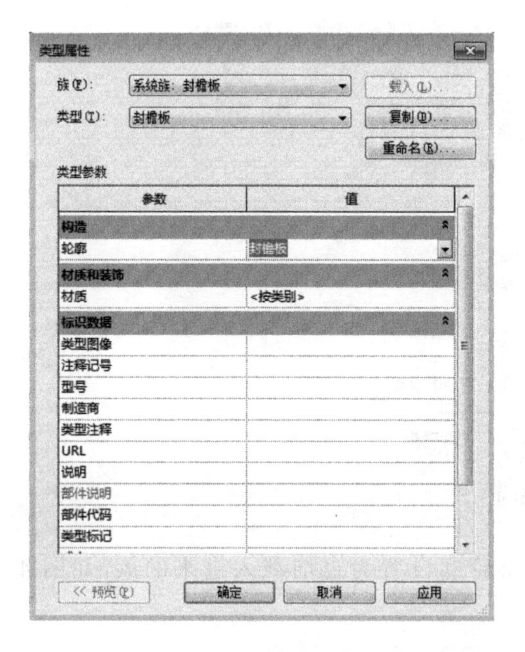

图 4-20

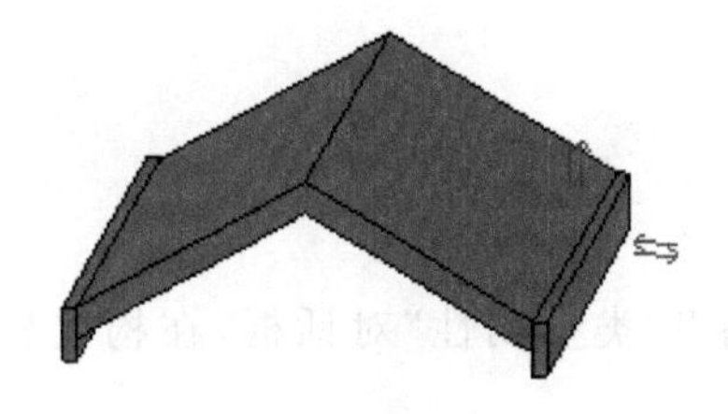

图 4-21

4.5 创建檐槽轮廓族

新建族，选择“公制轮廓”族样板，如图 4-1 所示。

绘制檐槽轮廓，选择直线命令进行绘制，如图 4-22 所示。

在“属性”对话框，将轮廓用途设置为“檐沟”，如图 4-23 所示。

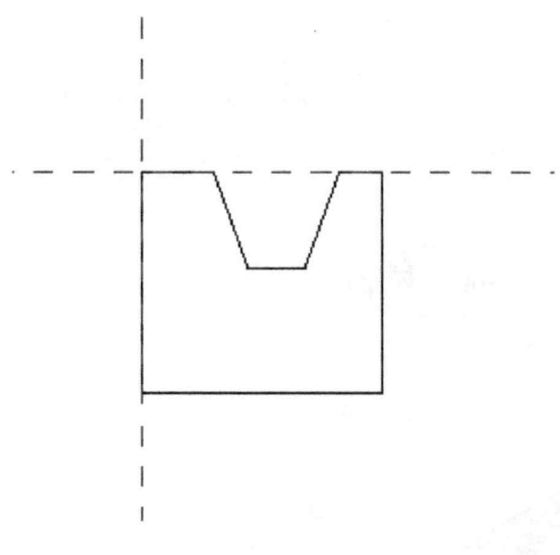

图 4-22

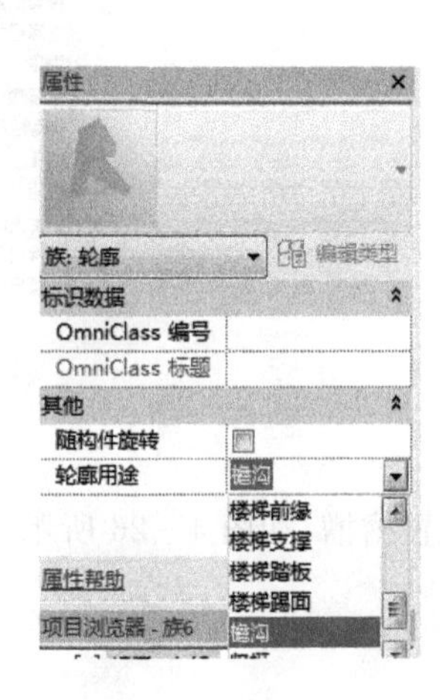

图 4-23

载入项目中，在“建筑”选项卡下选择“屋顶”命令，打开下拉菜单，选择“屋顶:檐槽”，如图 4-24 所示。

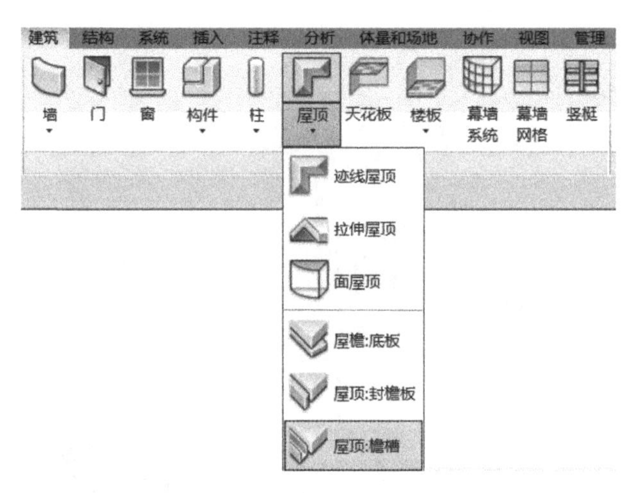

图 4 - 24

打开“类型属性”对话框，在构造栏中将轮廓设置为之前载入进来的族，如图 4 - 25 所示。

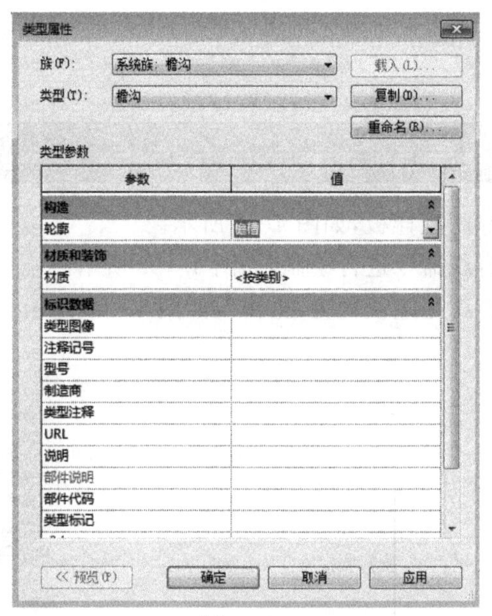

图 4 - 25

放置檐槽，如图 4 - 26 所示。

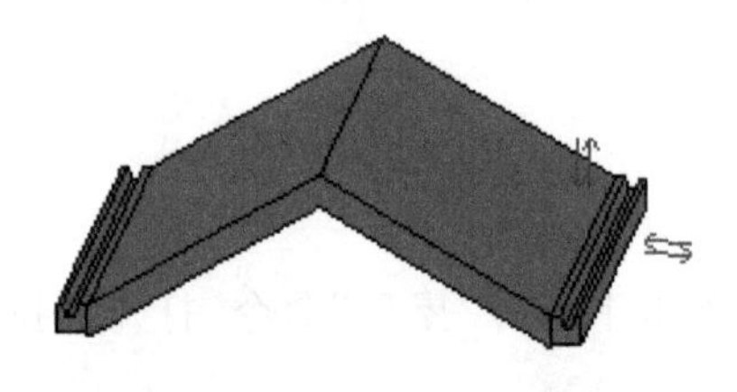

图 4 - 26

第 5 章　门窗族

5.1　门族的创建

新建族类型，如图 5-1 所示。

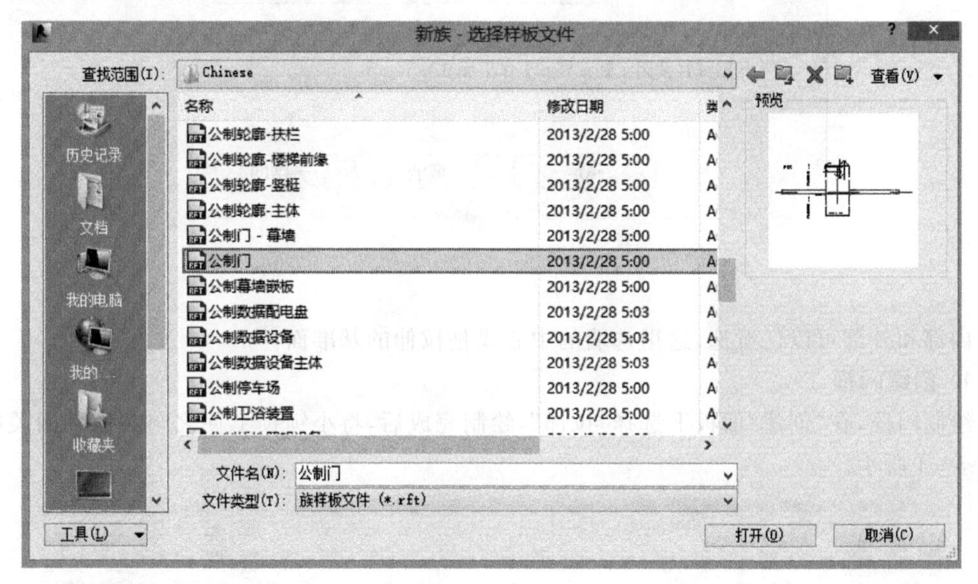

图 5-1

选择公制门，开公制门族样板，如图 5-2 所示。

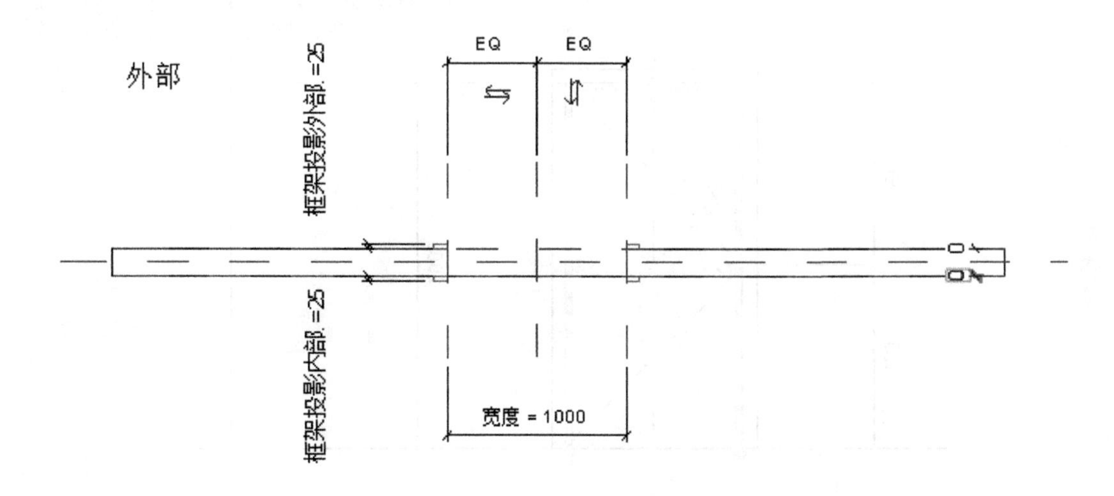

图 5-2

设定工作平面，如图 5-3 所示。

工作平面
当前工作平面
名称：
标高 ： 参照标高
显示　取消关联
指定新的工作平面
名称(N)　标高 ： 参照标高
拾取一个平面(P)
拾取线并使用绘制该线的工作平面(L)
确定　取消　帮助

图 5-3

内部和外部可以任意选，这里选墙的中心线是拉伸的基准面。

1. 创建门框

绘制门框，在“创建”面板下选择“拉伸”，绘制完成后，将小锁锁上使之与参照平面关联，如图 5-4 所示。

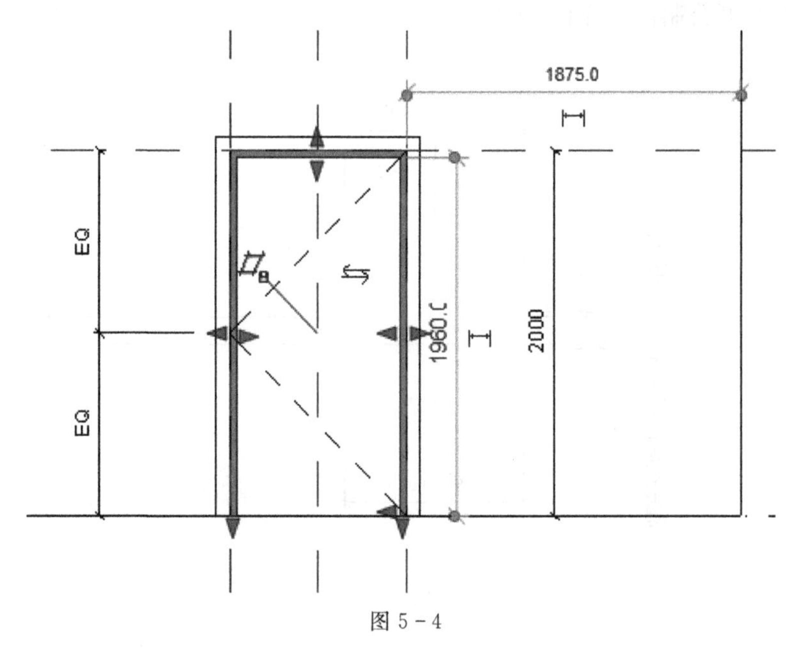

图 5-4

在“属性”面板框里设置拉伸起点和拉伸终点分别为－60 和 60，并为其添加材质参数，如图 5－5 所示。

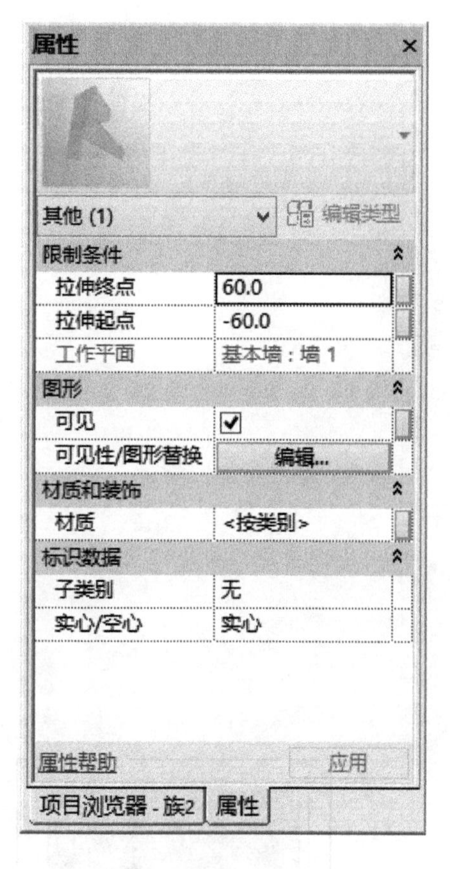

图 5－5

为门框厚度设置参数，在参照标高平面内，为门板厚度添加注释。之后用对齐尺寸标注命令对其进行尺寸注释，长度为 120，在“修改尺寸标注”选项卡的标签栏为门板厚度添加参数，并命名为“门框厚度”，如图 5－6 所示。

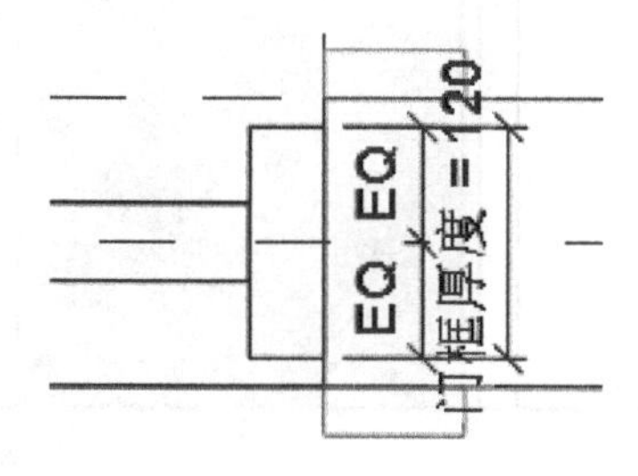

图 5－6

2. 创建门板

设定工作平面，内部和外部可以任意选，这里选墙的中心线是拉伸的基准面。

绘制门板，在“创建”面板下选择“拉伸”，选择绘制矩形，绘制结束后，将小锁锁上，如图5-7所示。

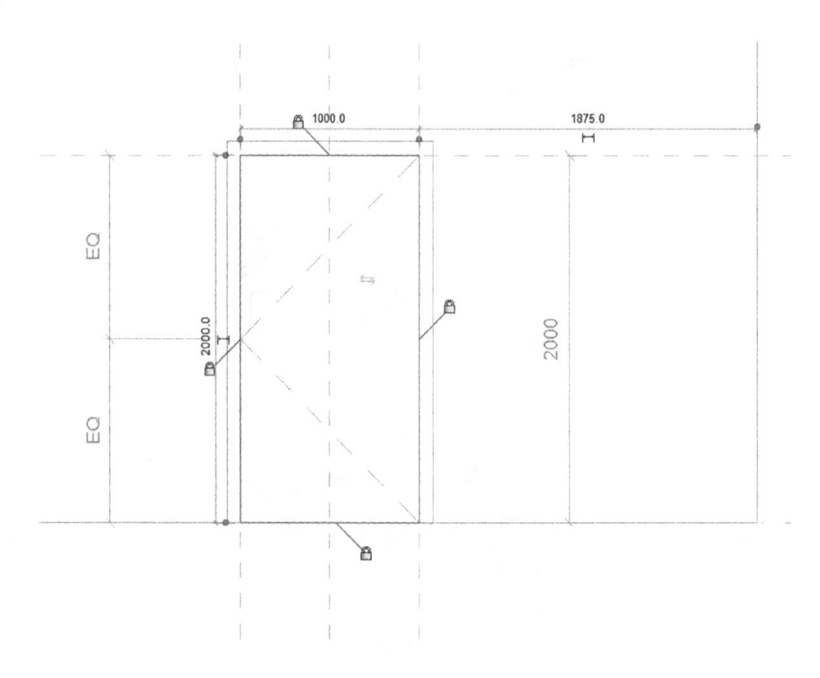

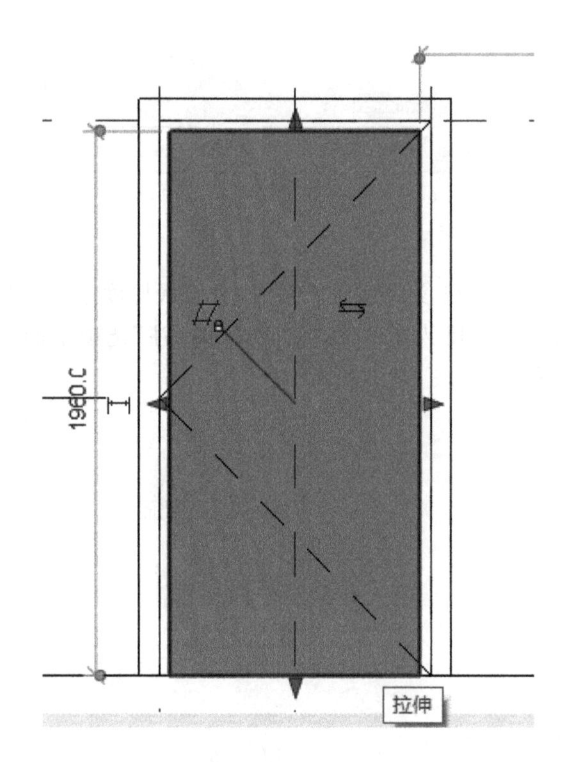

图5-7

在“属性”面板框里设置拉伸起点和拉伸终点分别为－20 和 20，并为其添加材质参数，如图 5－8 所示。

为了使门板中心线与墙的中心线对齐，添加注释，等分，在“修改尺寸标注”选项卡的标签栏为门板厚度添加参数，并命名为“门板厚度”。如图 5－9 所示。

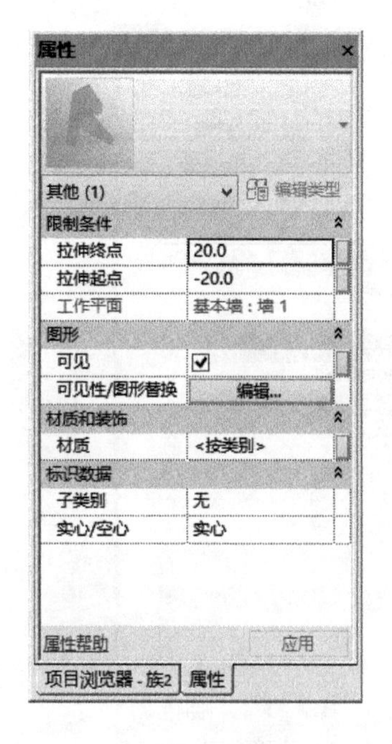

图 5－8

图 5－9

3. 添加把手

添加把手，在插入选项卡中点击载入族。这里载入了 2 个拉手，如图 5－10 所示。

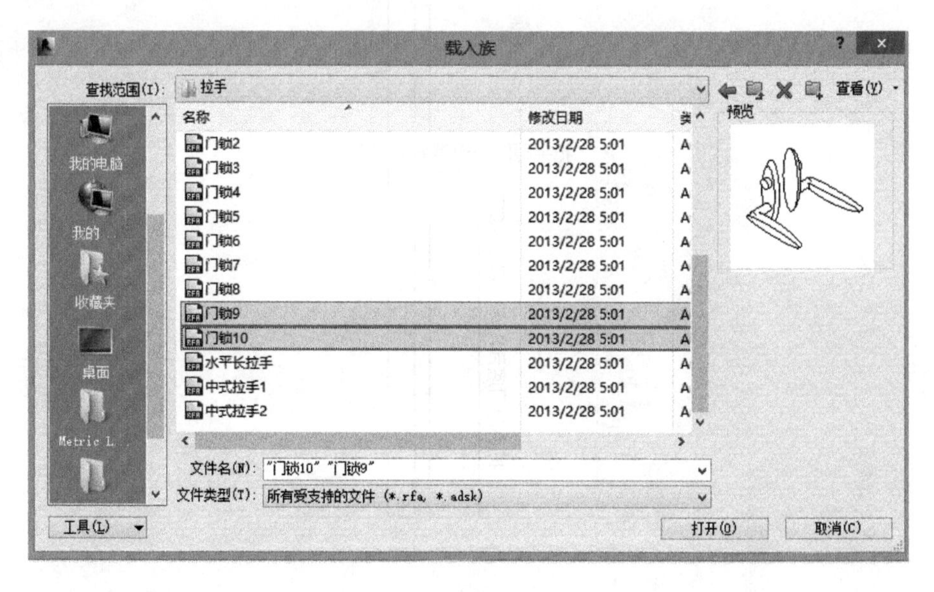

图 5－10

然后到放置构件中去放置，并与墙中心线对齐，单击把手，使其高亮显示，使把手的距离与门厚度关联，这里不能用注释添加参数的命令，因为把手是载入的族，需要修改它的内置参数。在“属性”面板框中单击“编辑类型”，单击尺寸标注的面板厚度的小方框，使之与“门板厚度”相关联，如图 5－11 所示。

类型属性

族(F)：门锁9 载入(L)...

类型(T)：门锁9 复制(D)...

重命名(R)...

类型参数

参数	值
构造	
功能	内部
构造类型	
材质和装饰	
把手材质	<按类别>
尺寸标注	
面板厚度	40.0
粗略宽度	
粗略高度	
厚度	
宽度	
高度	
标识数据	
注释记号	
型号	

<< 预览(P) 确定 取消 应用

图 5－11

添加把手距门底部高度的类型参数，添加把手到门板边的距离参数，如图 5－12 所示。

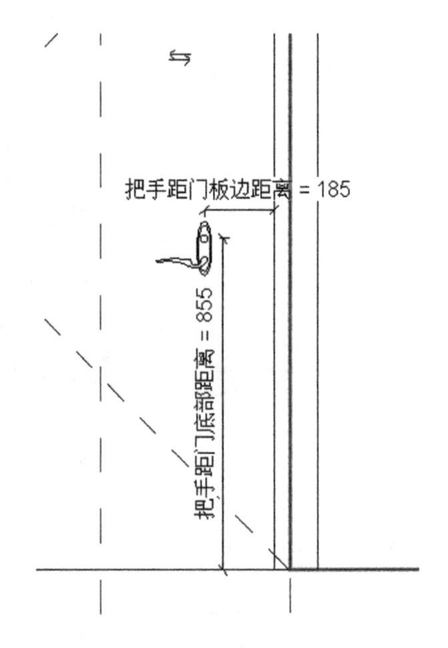

图 5－12

4. 修改可见性

修改门板和把手的可见性使之在平面视图中不可见，如图 5 - 13 所示。

绘制门在施工图中的表现形式，锁产生关联，使之与圆弧对齐，并使之与门宽产生关联，用注释，最后切换修改每个门把手类型的参数，如图 5 - 14 所示。

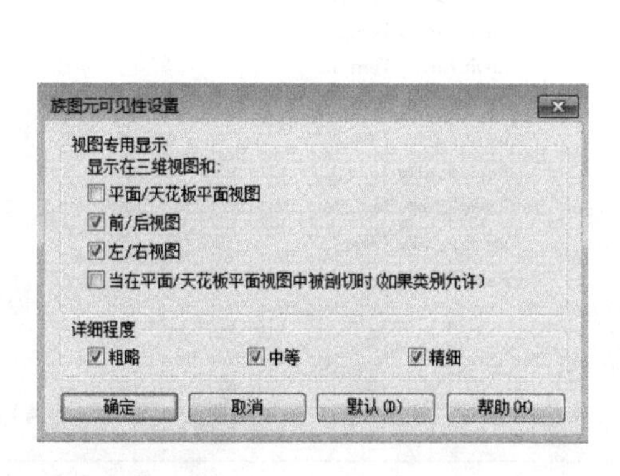

图 5 - 13

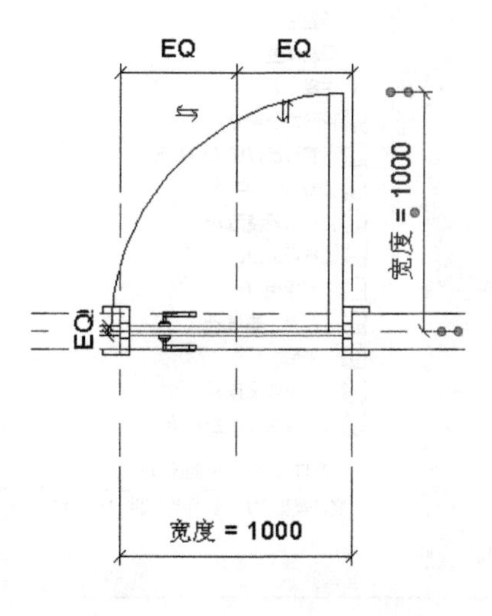

图 5 - 14

5.2 窗族的创建

(1)点击上方工具栏“新建”→“族”，如图 5 - 15 所示。

图 5 - 15

(2)选择“公制窗”族样板,如图 5-16 所示。

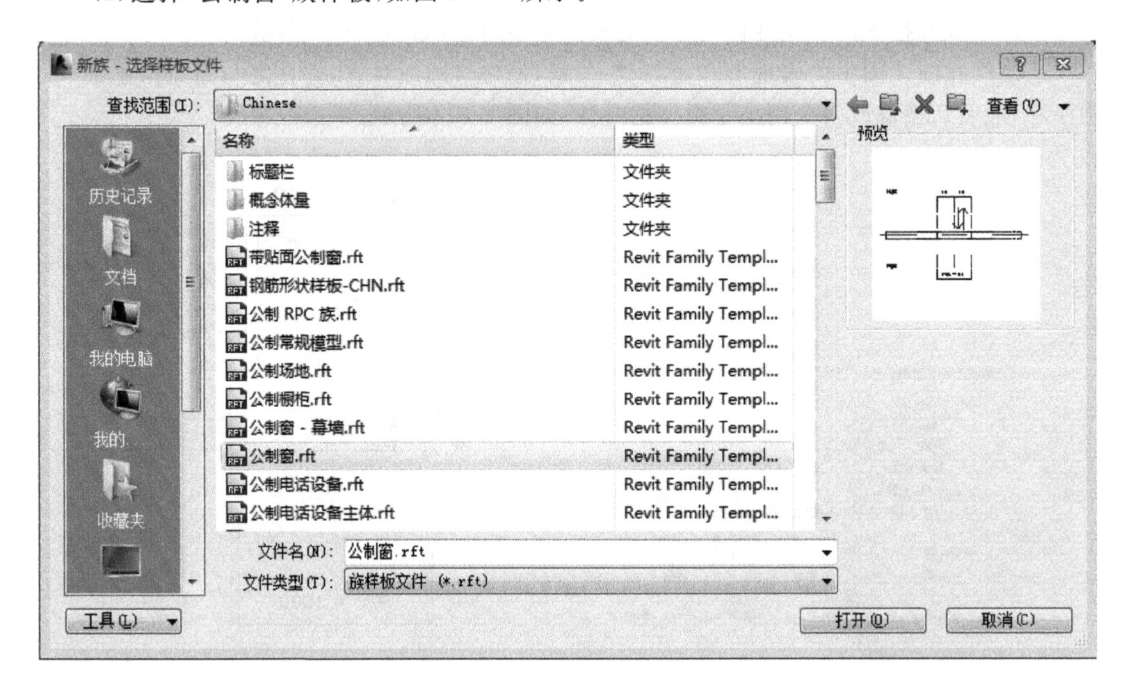

图 5-16

进入如下界面,如图 5-17 所示。

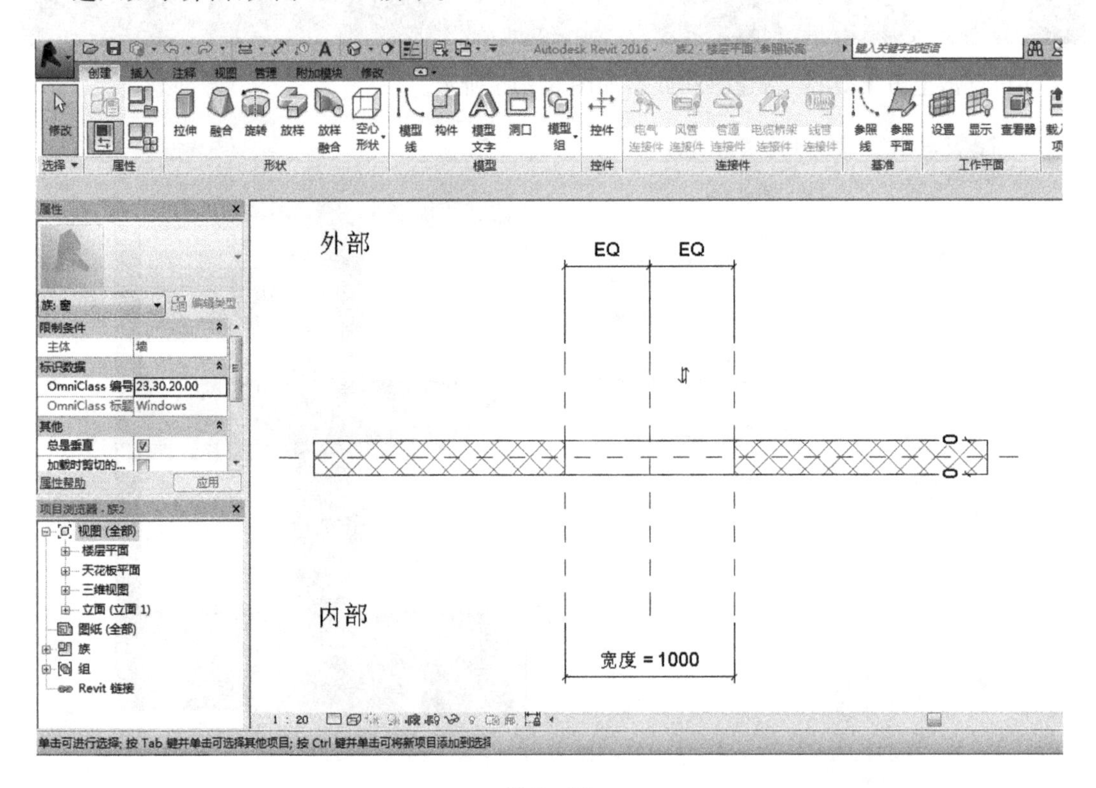

图 5-17

(3)选择菜单栏中的“设置”,点选“拾取一个平面”,如图 5－18 所示。

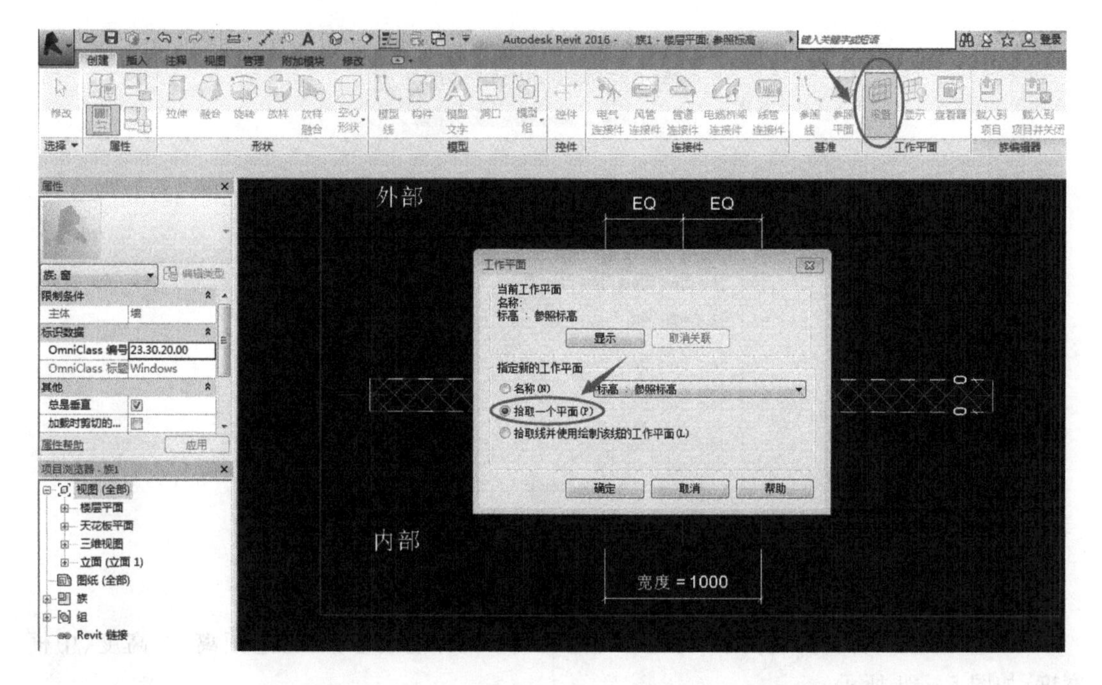

图 5－18

单击中央水平线,如图 5－19 所示。

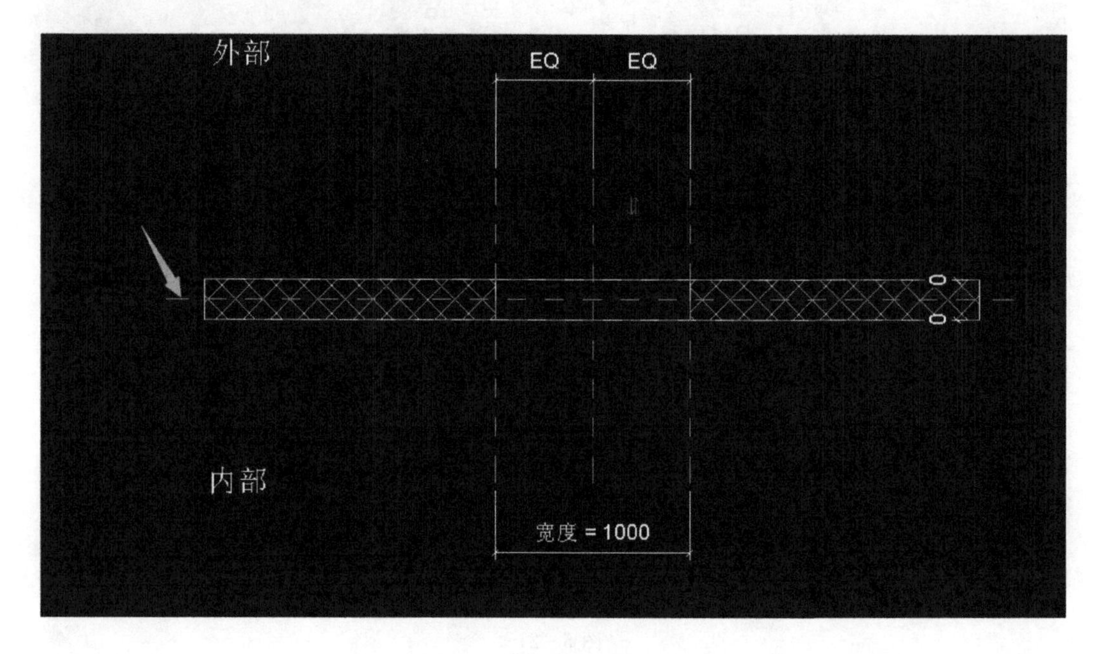

图 5－19

转到视图“立面:内部”,如图 5－20 所示。

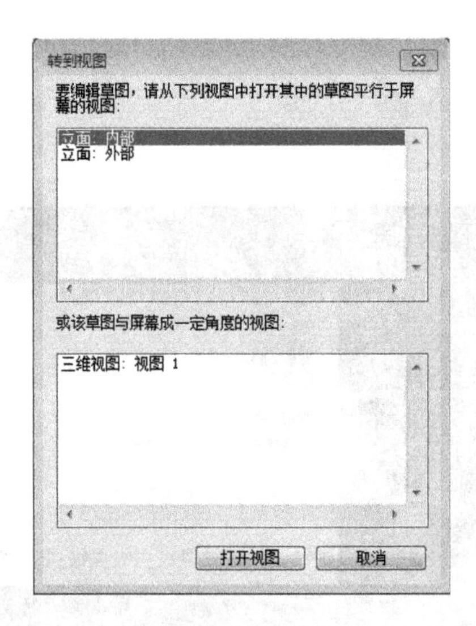

图 5－20

(4)进入“立面:内部”视图后,建立以下参照平面,并建定参数:留边距离、上高度、中框宽度,如图 5－21 所示。

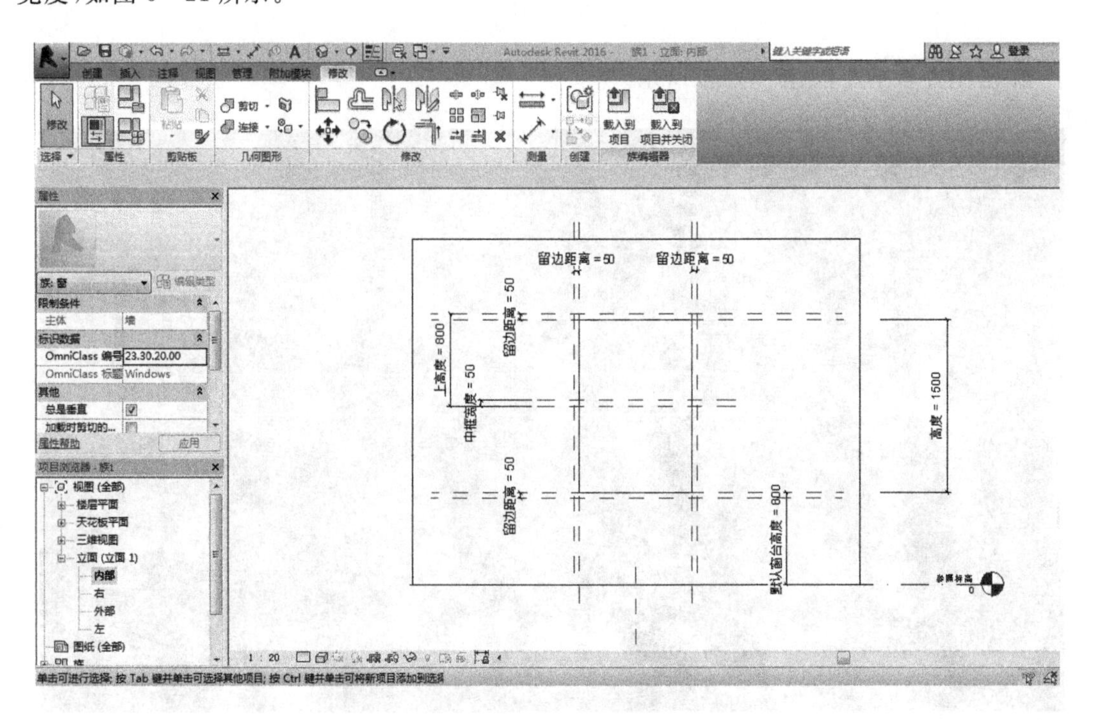

图 5－21

建立参数的方法:在“族类型”对话框中设置参数,如图 5－22 所示。

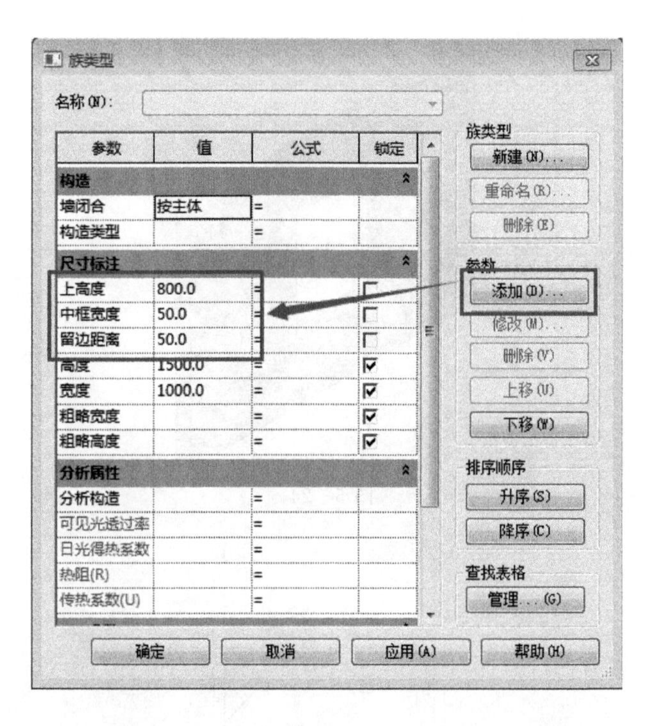

图 5-22

(5)通过“创建”→“拉伸”→“绘制”命令绘制如下线条,注意锁定,如图 5-23 所示。

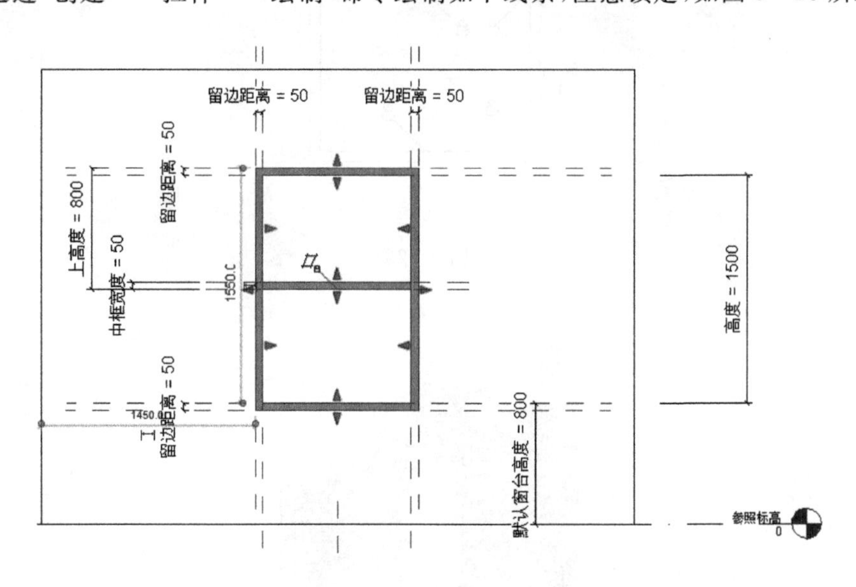

图 5-23

完成效果如图 5-24 所示。

(6)通过拉伸,创建玻璃面板(注意锁定),如图 5-25 所示。完成后,设定为玻璃材质效果。

(7)完成族建立,保存。效果如图 5-26 所示。

图 5 - 24

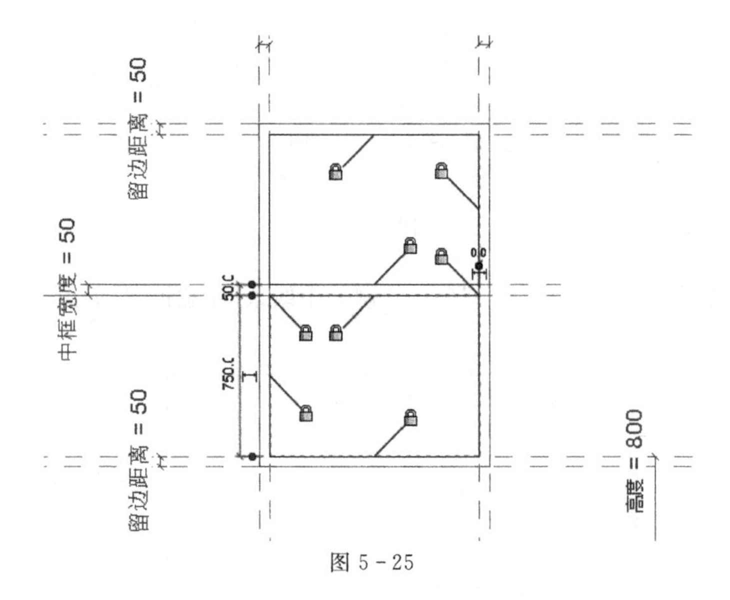

图 5 - 25

图 5 - 26

5.3 创建幕墙嵌板族

5.3.1 普通嵌板

创建步骤如下：

1. 选择族样板文件

单击 Autodesk Revit 2016 界面左上角的“应用程序菜单”按钮，选择“新建”，单击“族”。

在“新建-选择样板文件”中选择“公制幕墙嵌板.rft”，单击“打开”，如图 5-27 所示。

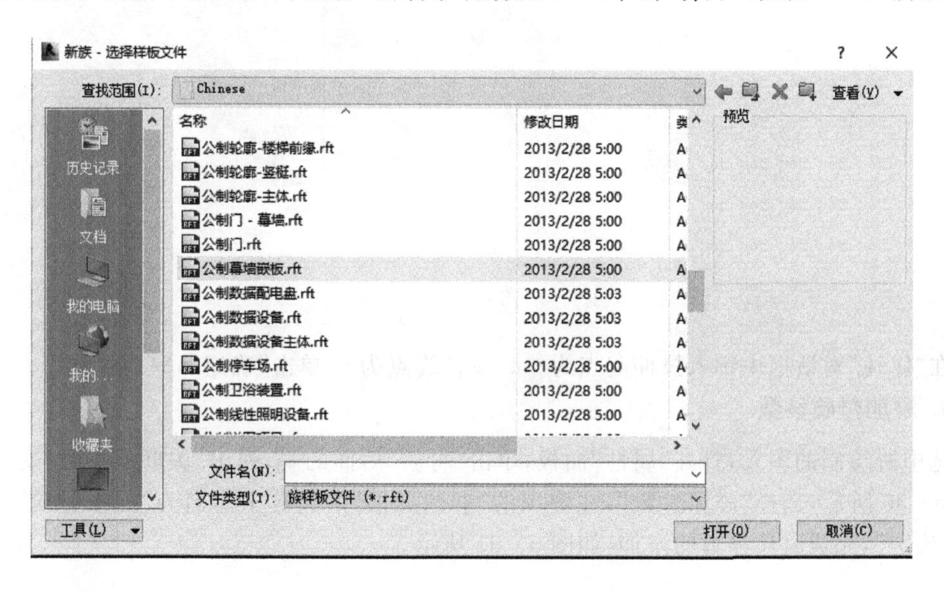

图 5-27

2. 绘制嵌板形状

进入“内部”立面视图，如图 5-28 所示，单击“创建”选项卡“形状”面板“拉伸”命令，选择“绘图”面板中的，进行绘图，如图 5-29 所示。

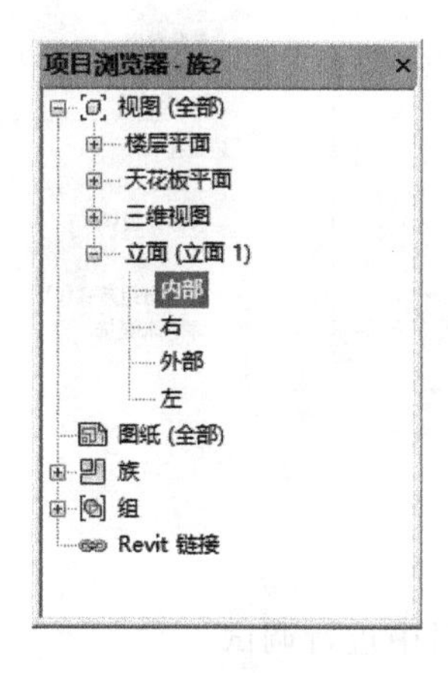

图 5-28

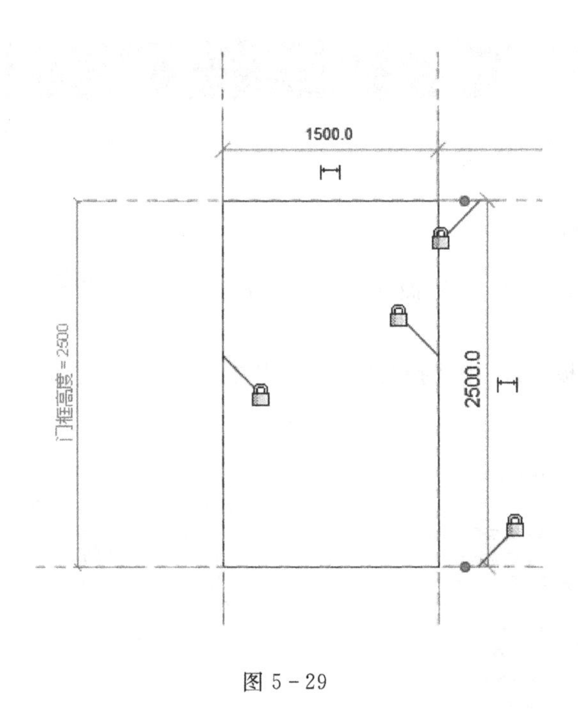

图 5-29

在“属性”对话框中键入拉伸起点为－4，拉伸终点为 4，单击“确定”，完成拉伸。

3. 添加材质参数

选中所绘制的图元，打开“属性”面板，单击“材质”后面的▯，弹出“关联族参数”对话框，如图 5-30 所示，选择“添加参数”，在弹出的“参数属性”的名称中命名为“嵌板材质”，单击两次“确定”，完成材质参数的添加，如图 5-31 所示。

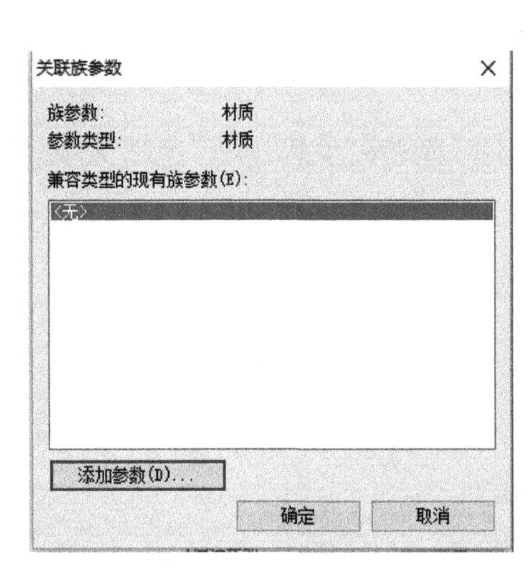

图 5-30

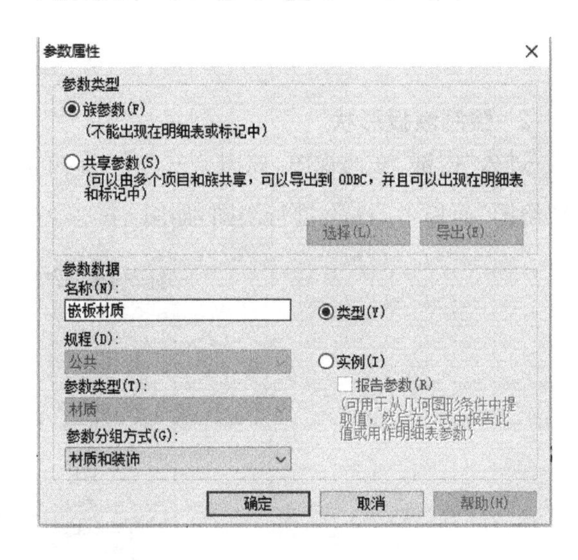

图 5-31

现在就可以将嵌板族载入项目中进行调试。

5.3.2 嵌板门

创建步骤如下：

1. 选择族样板文件

单击 Autodesk Revit 2016 界面左上角的“应用程序菜单”按钮，选择“新建”，单击“族”。

在“新建-选择样板文件”中选择“公制幕墙嵌板.rft”，单击“打开”。

2. 绘制嵌板门扇

进入“内部”立面视图，单击“创建”选项卡“形状”面板“拉伸”命令，选择绘图面板中按钮，进行绘图，并和参照平面锁定。将偏移量输入“100”然后继续绘制，修改绘制的轮廓，如图5－32和图 5－33 所示。

深度 8.0　链　偏移量: 100.0

图 5－32

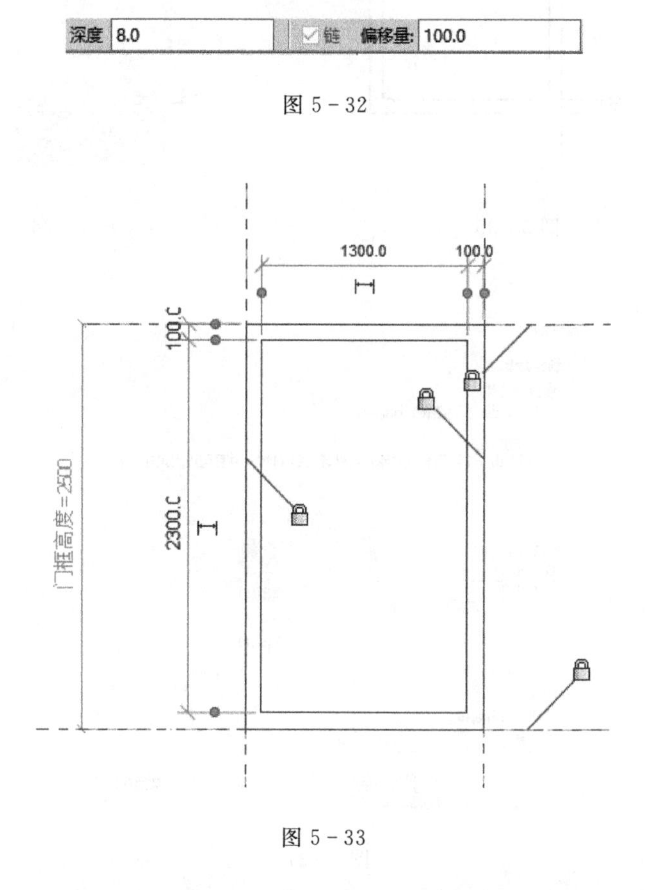

图 5－33

单击“注释”选项卡“尺寸标志”面板“对齐”命令(见图 5－34)标注草图，单击“标签”(见图 5－35)，选择“添加参数”(见图 5－36)，弹出“参数属性”对话框，如图5－37所示，在“名称”

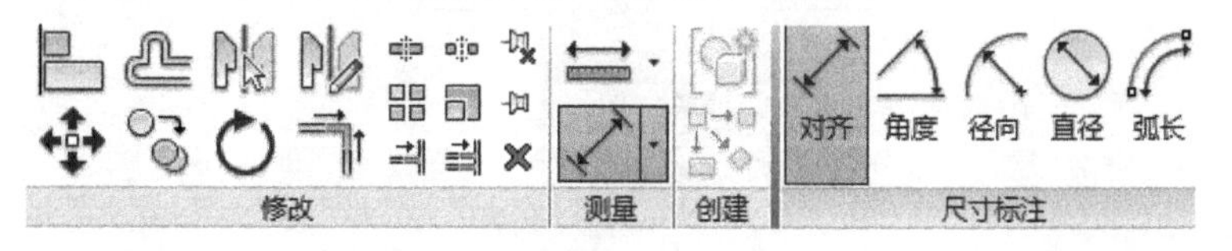

图 5－34

栏中输入“门框宽度”，单击“确定”。用同样的方法添加其他三个参数，如图 5-38 所示，单击完成绘制，如图 5-39 所示。

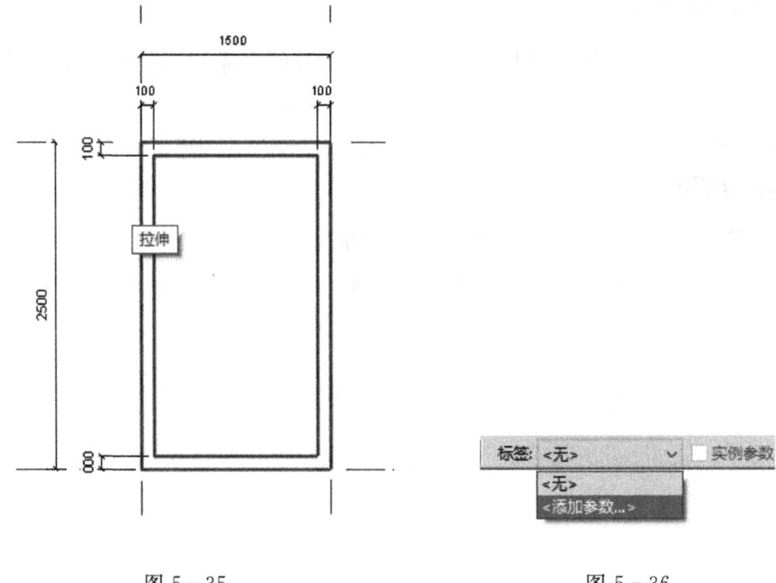

图 5-35　　图 5-36

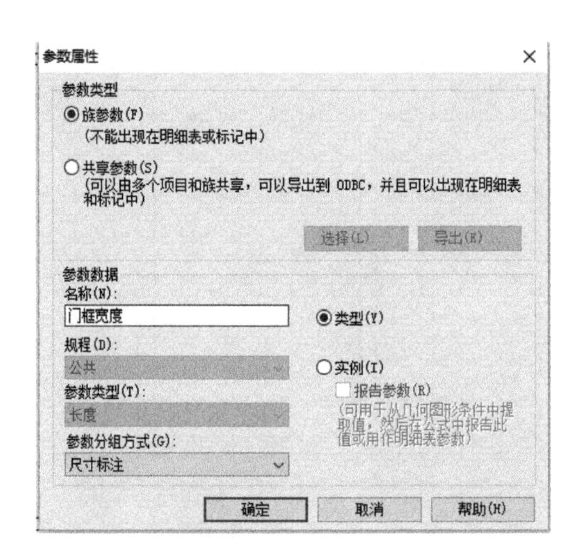

图 5-37

图 5-38

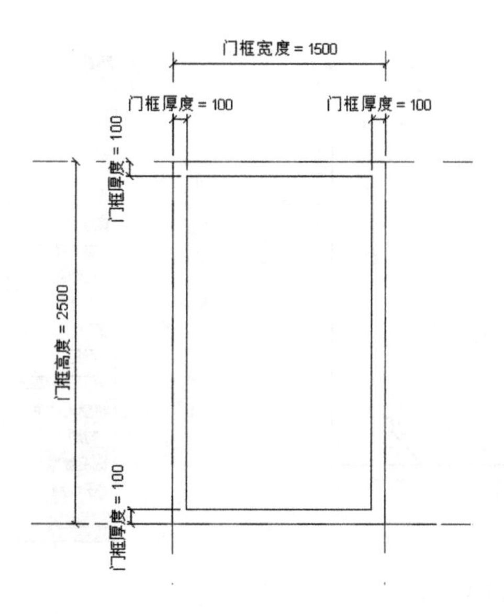

图 5 - 39

在属性对话框中，设置“拉伸起点”为“－30”，“拉伸终点”为“30”，单击“应用”完成拉伸。选中绘制的图形及标注参数，如图 5 - 40 所示。

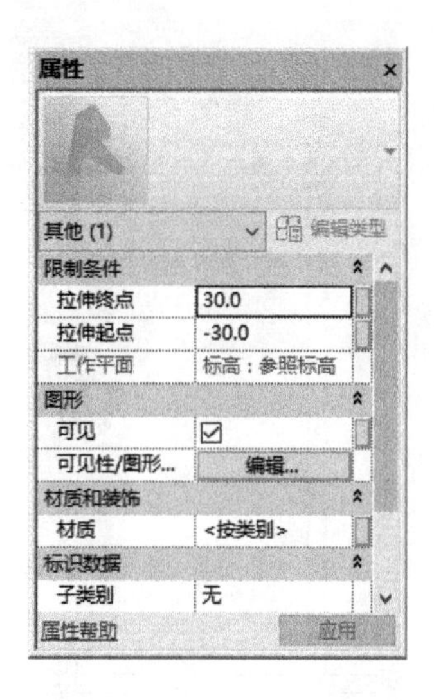

图 5 - 40

3. 绘制玻璃拉伸

单击“创建”选项卡下“形状”面板中的“拉伸”命令，单击“绘制”面板按钮，绘制图形，并锁定，如图 5 - 41 所示。

在“属性”对话框中，设置“拉伸起点”为“－3.0”，“拉伸终点”为“－3.0”，单击“应用”，完成拉伸，如图 5 - 42 所示。

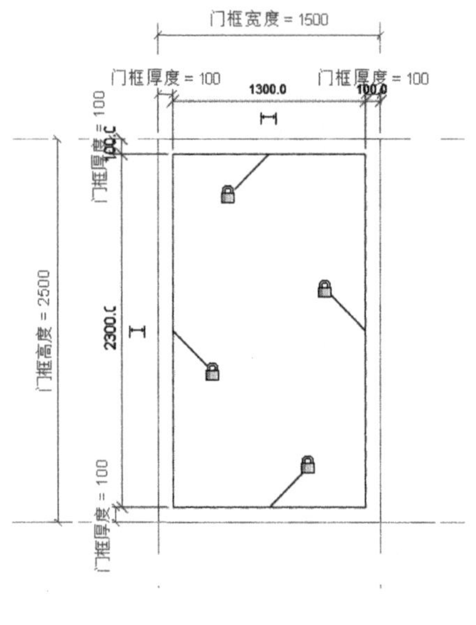

图 5-41

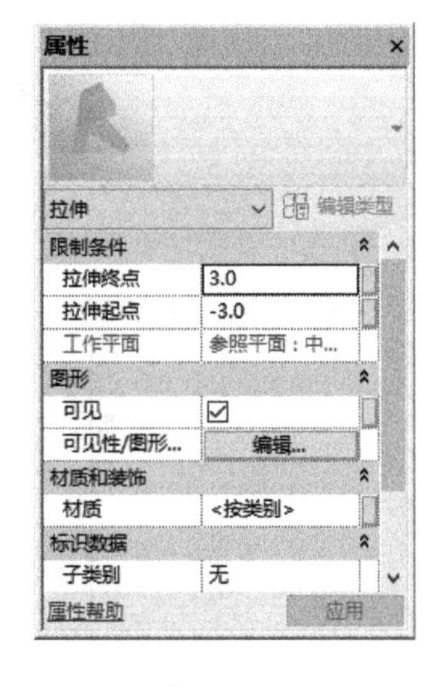

图 5-42

4. 绘制门把手

单击"创建"选项卡下"形状"面板中的"拉伸"命令，单击"绘制"面板 按钮，绘制草图 50×300，如图 5-43 所示。

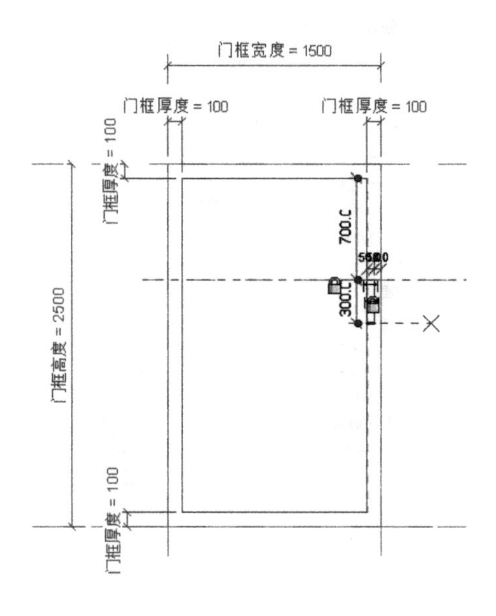

图 5-43

在"属性"对话框中，设置"拉伸起点"为"100"，"拉伸终点"为"30"，如图 5-44 所示。

进入"右"立面视图，如图 5-45 所示，运用"对齐"命令 ，将绘制的门把手与门框表面锁定，如图 5-46 所示。

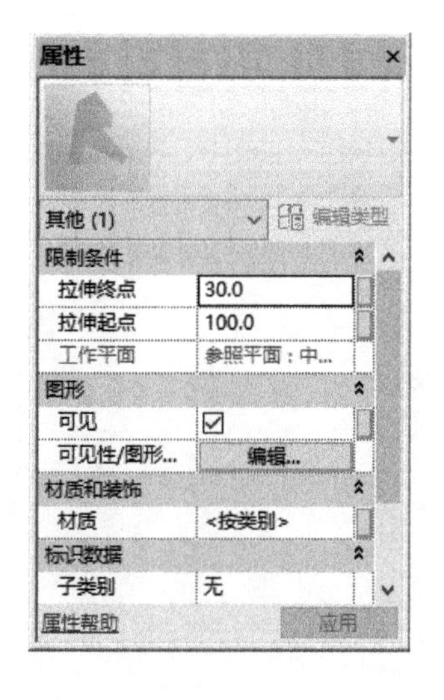

图 5-44

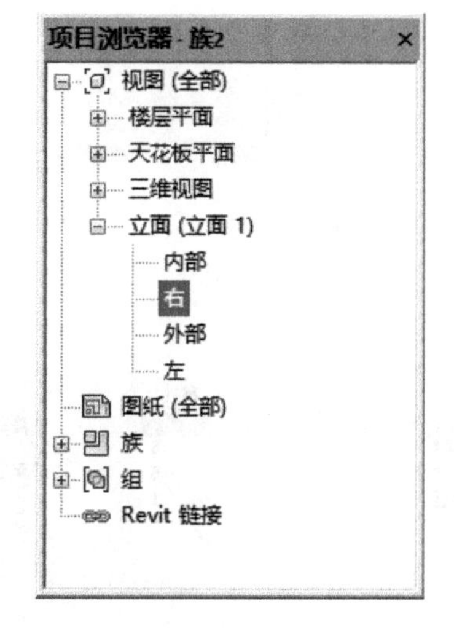

图 5-45

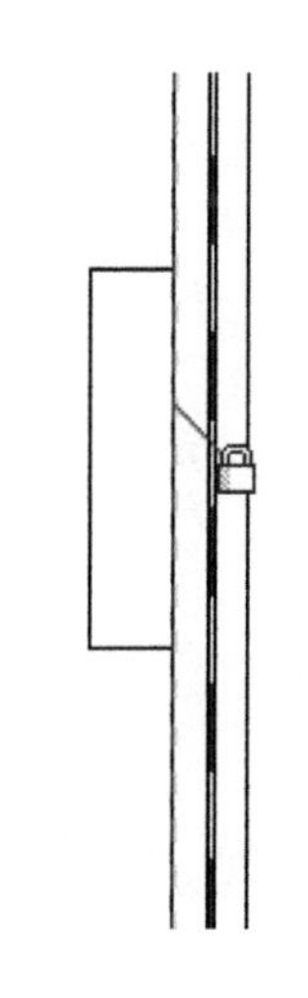

图 5-46

5. 添加材质参数

进入三维视图，选中第一次绘制的门框形体，打开"属性"面板，单击"材质"后的▯，在弹出的"关联族参数"对话框中单击"添加参数"，弹出"参数属性"对话框，在"名称"栏输入"门框材质"，单击两次"确定"，完成参数添加，如图 5-47 所示。用同样的方法添加玻璃形体的材质参数"玻璃材质"，最后绘制的门把手材质参数为"门把手材质"，如图 5-48 所示。

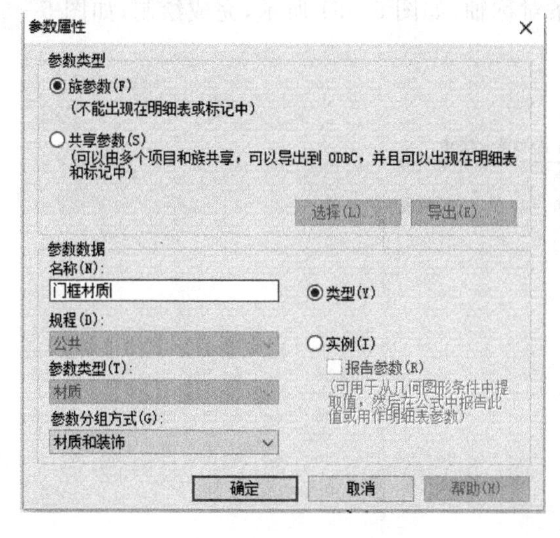

图 5-47

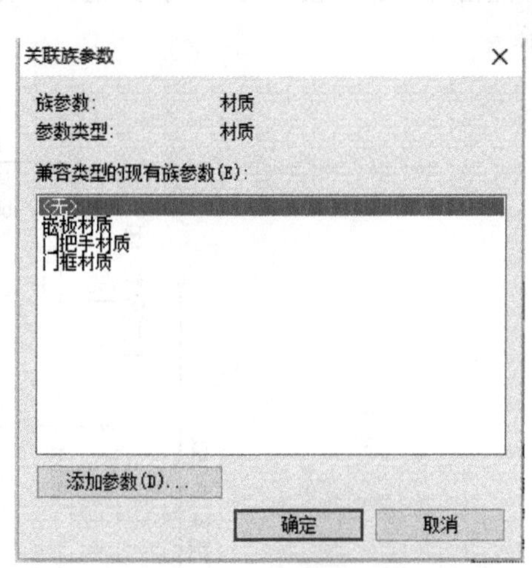

图 5-48

6. 对所画的所有图元进行镜像，形成双开门

用鼠标左键在"内部"视图的左下角向右上角拉，出现了被框选的对象，保证所有的图元都被框选到，点击"选择"面板中"过滤器"，如图 5-49 所示，弹出一个"过滤器"对话框，勾选"其他"，点击"应用"，点击"确定"，如图 5-50 所示。

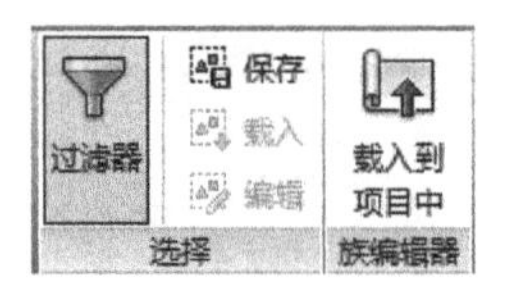

图 5 - 49

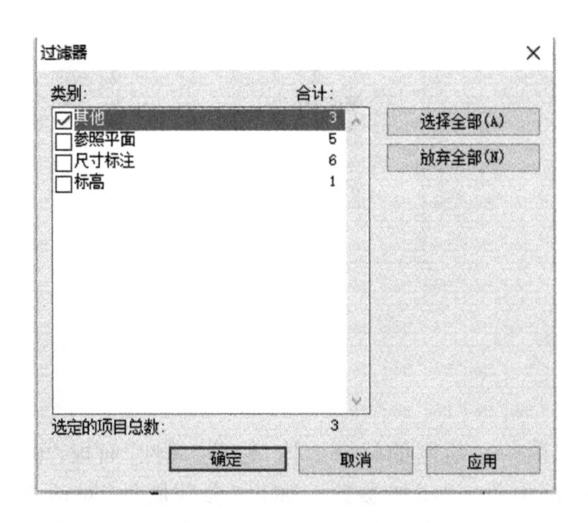

图 5 - 50

点击“修改”面板中的 符号，选择一条对称轴，如图 5 - 51 所示，完成绘制，如图 5 - 52 所示。

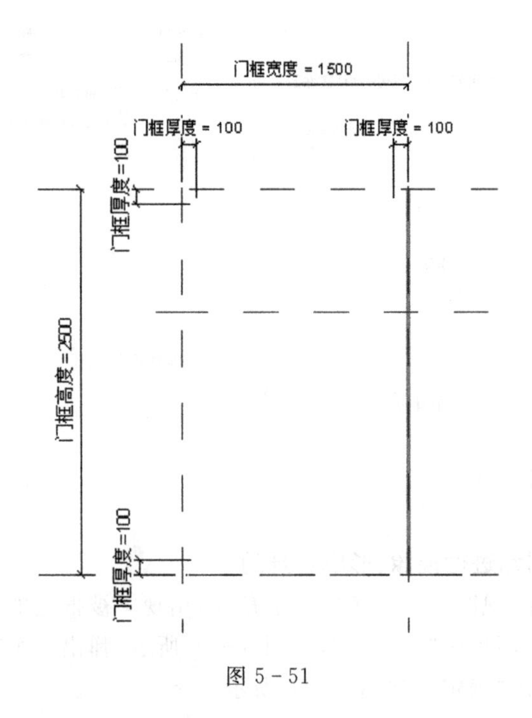

图 5 - 51

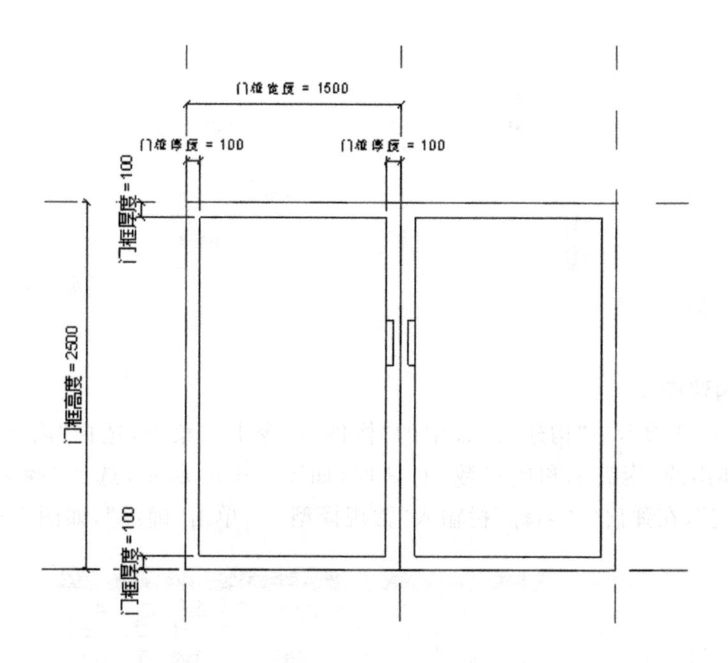

图 5-52

嵌板门族绘制完成，可载入项目进行测试。

5.4 内建模型

创建步骤如下：

1. 打开项目文件

单击 Autodesk Revit 2016 界面左上角的“应用程序菜单”按钮，选择“新建”，单击“项目”，如图 5-53 所示。在弹出的“新建项目”对话框中，选择样板文件为“建筑样板”，单击“确定”，如图 5-54 所示。

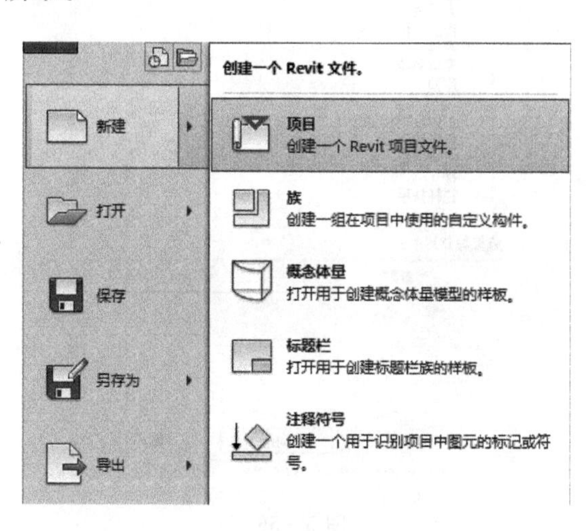

图 5-53

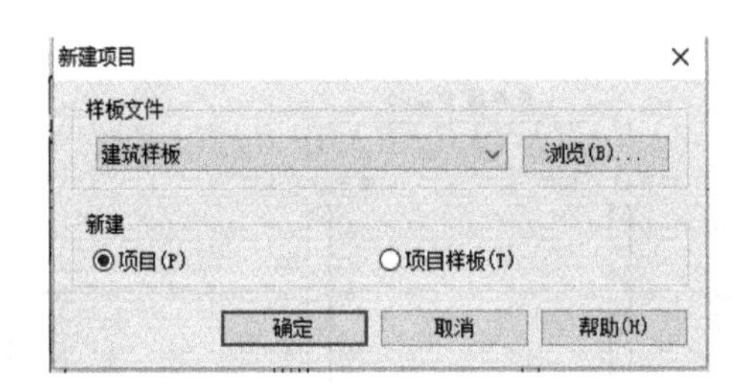

图 5 - 54

2. 创建内建模型

单击“建筑”选项卡下“构建”面板中的“构件”命令下拉菜单，选择“内建模型”，如图 5 - 55 所示。在弹出的“族类别和族参数”对话框，如图 5 - 56 所示，选择“族类别”为“常规模型”，单击“确定”，在弹出的“名称”栏输入“常规模型 1”，单击“确定”，如图 5 - 57 所示。

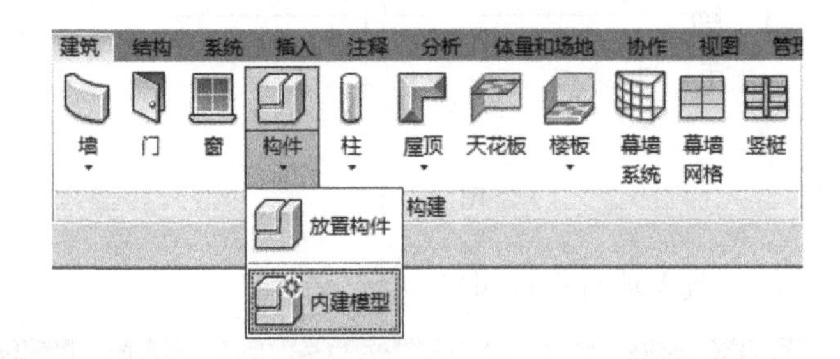

图 5 - 55

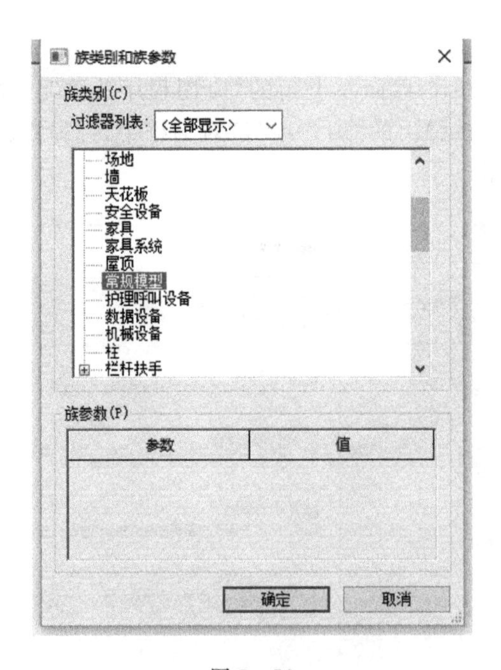

图 5 - 56

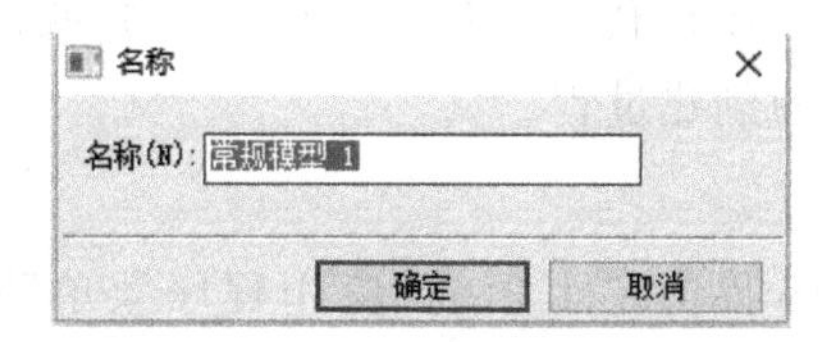

图 5-57

内建模型和族，有很大的相似之处，只不过内建模型不能参数化驱动，不能载入其他项目中，我们在这儿要讲的是"融合"的模型，"底部"为八边形，"顶部"为四边形，如图 5-58 所示。

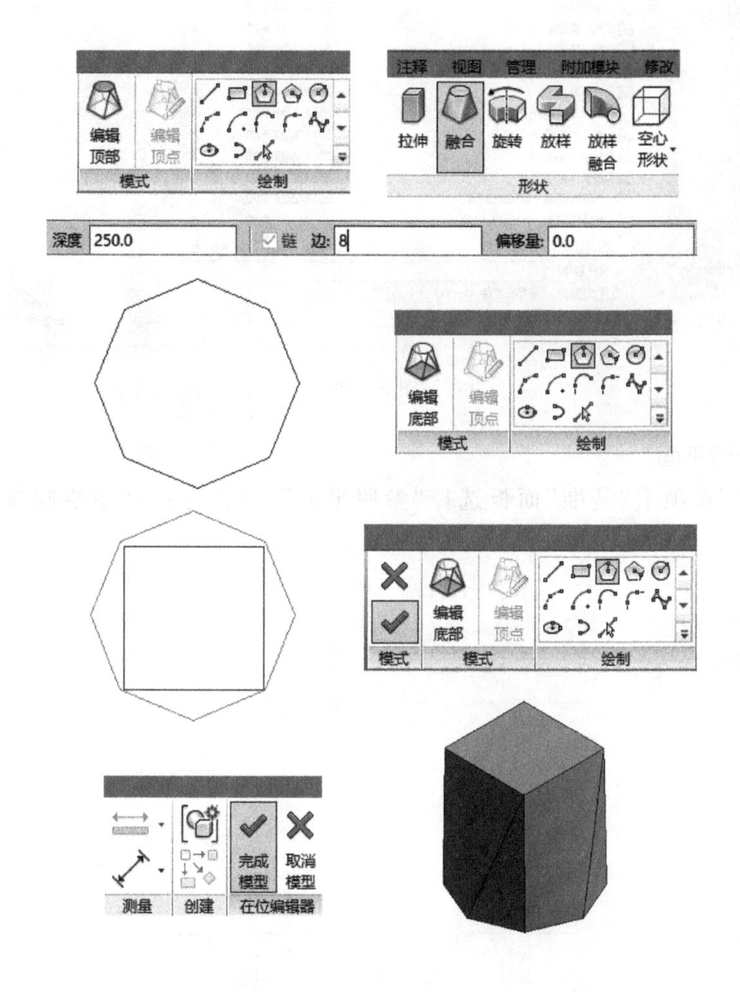

图 5-58

5.5 创建家具族

家具族是 Revit 中的一个重要类别，多用于室内装修设计。家具族一般可以分为两类：二维家具族和三维家具族。在某些特定的视图中不需要显示家具族的三维形体，或不需要三维族的某些细节，则通过二维图形代替。最常见的家具族就是床、桌椅、沙发。我们以桌子为例，介绍三维家具族文件的创建过程。

1. 选择族样板文件

单击 Autodesk Revit 2016 界面左上角的“应用程序菜单”按钮，选择“新建”，单击“族”。

在“新建-选择样板文件”中选择“公制家具. rft”，单击“打开”，如图 5 - 59 所示。

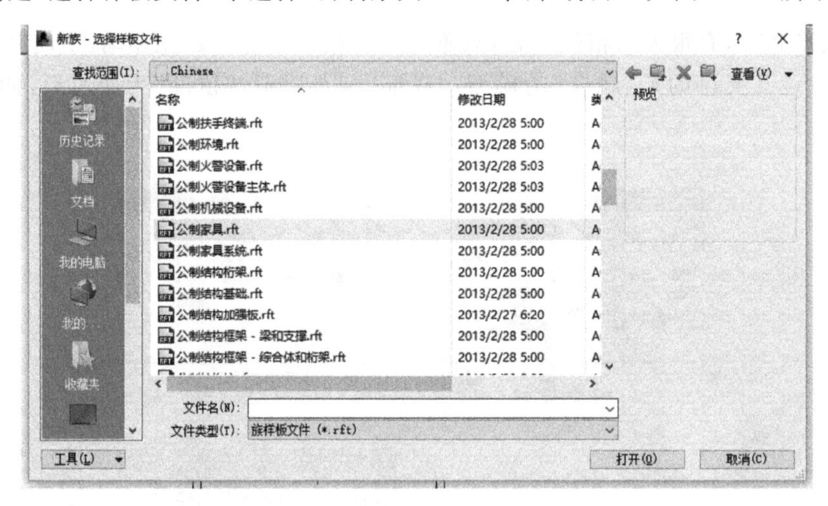

图 5 - 59

2. 绘制参照平面

单击“创建”选项卡“基准”面板选择“参照平面”，单击左键开始绘制参照平面，如图 5 - 60所示。

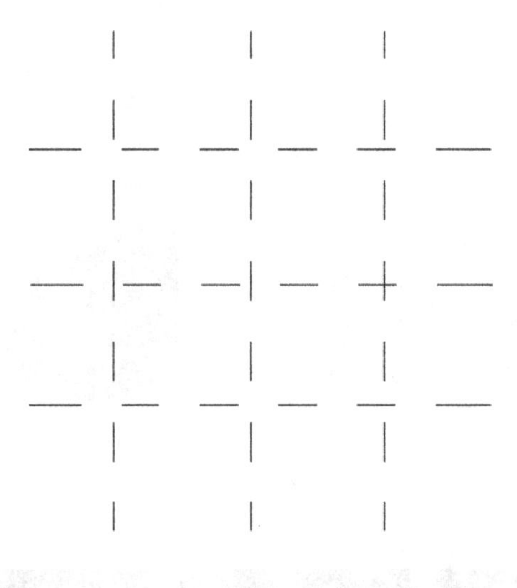

图 5 - 60

单击“注释”选项卡“尺寸标注”面板“对齐”命令，标注参照平面，在连续标注的情况下会出现符号EQ̸，单击EQ̸符号，切换成EQ符号，使得横向的参照平面间距相等，纵向的参照平面间距相等，如图 5-61 所示。

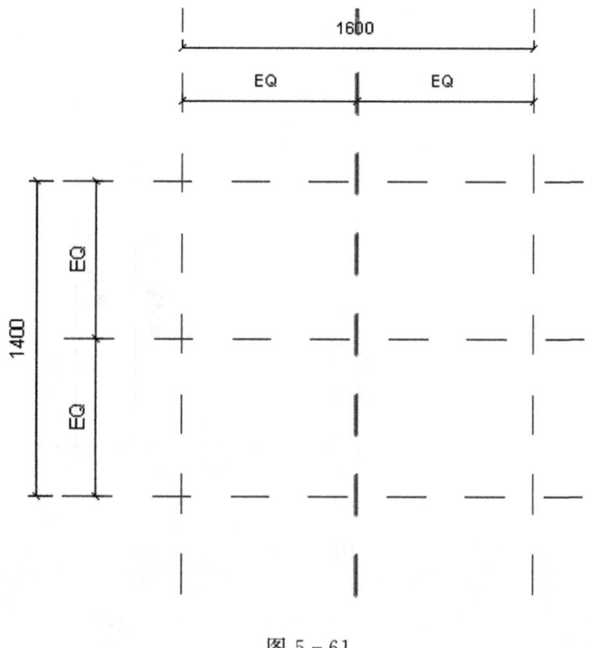

图 5-61

快捷键 DI 标注参照平面尺寸，选择横向标注，选中一个标注，单击“标签”中的“添加参数”，如图 5-62 所示。在“名称”栏输入“长度”，单击“确定”。用同样的方法添加宽度参数，如图 5-63 所示。

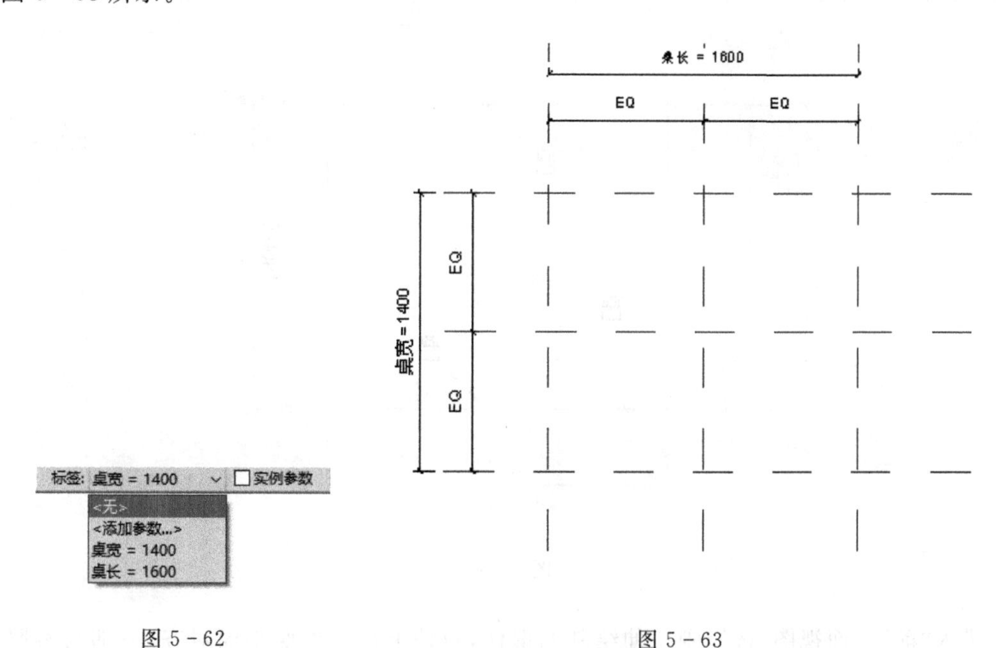

图 5-62　　　　图 5-63

在项目浏览器打开“前”立面视图，用同样的方法再绘制两条参照平面，标注并添加参数“桌腿高”和“桌高”，如图 5-64 所示。

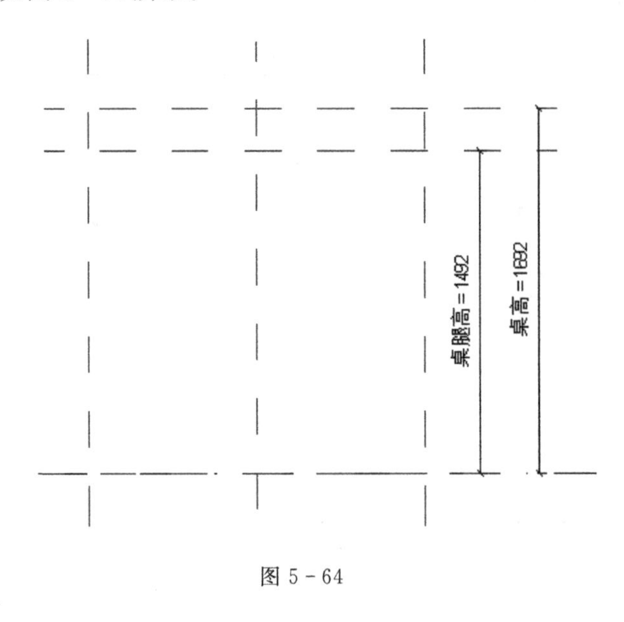

图 5-64

3. 创建桌子主体

返回“参照标高”，先绘制桌面，单击“创建”选项卡下“形状”面板中的“拉伸”命令，单击“绘制”面板中的“矩形”命令，绘制图形，并和参照平面锁定，如图 5-65 所示，单击完成绘制。

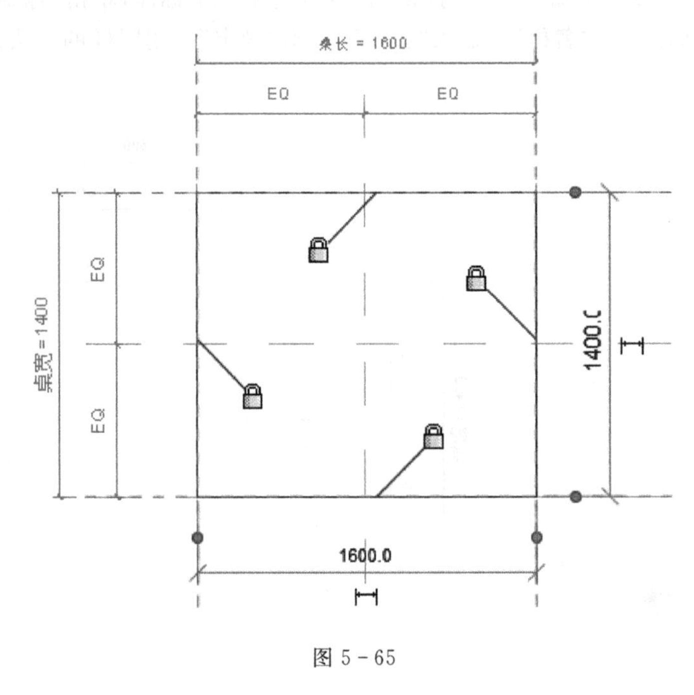

图 5-65

进入“前”立面视图，选择刚拉伸绘制的形体，拉伸上部与参照平面对齐，下部与参照平面对齐锁定，如图 5-66 所示。

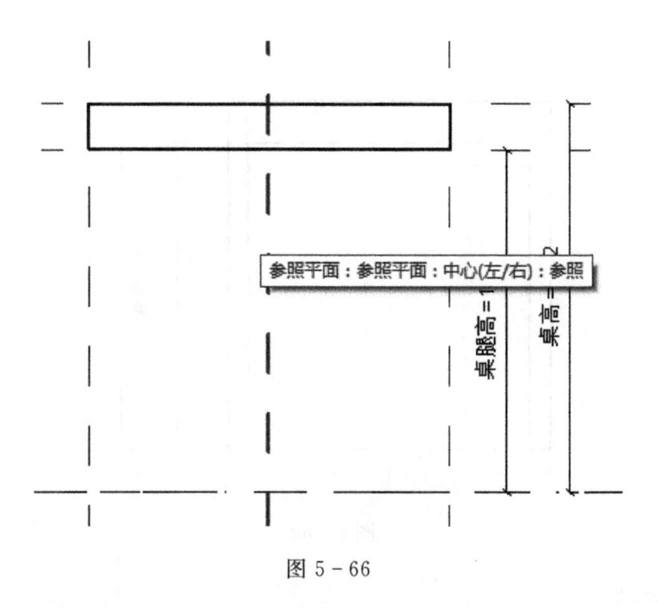

图 5-66

绘制桌腿，先返回到“参照标高”，单击“创建”选项卡，选择“基准”面板，单击“参照平面”，单击绘制参照平面，单击“注释”选项卡下“尺寸标注”面板中的“对齐”命令标注参照平面，在连续标注的情况下会出现符号 EQ，单击此符号，使得横向的参照平面间距相等，纵向的参照平面间距相等。

单击“创建”选项卡下“形状”面板中的“拉伸”命令，单击“绘制”面板“矩形”命令，绘制图形，并和参照平面锁定，单击完成绘制。如图 5-67 所示。

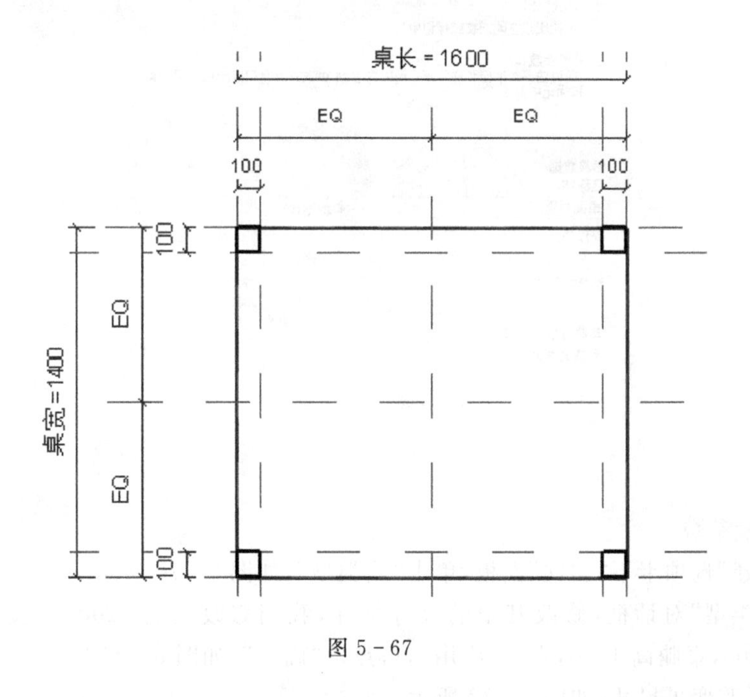

图 5-67

进入“前”立面视图，选择刚拉伸绘制的形体，拉伸上部与参照平面对齐，下部与参照平面对齐锁定，如图 5-68 所示。

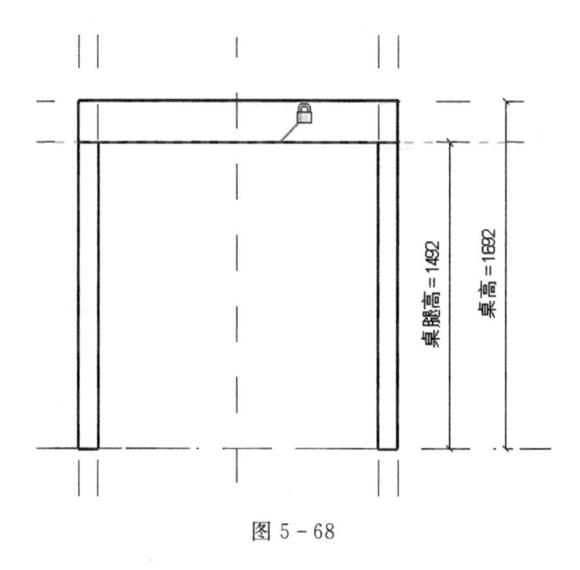

图 5-68

4. 添加材质参数

进入三维视图，选中第一次绘制的桌面形体，打开"属性"面板，单击"材质"后的▯，在弹出的"关联族参数"对话框中单击"添加参数"，在弹出的"参数属性"对话框中，在"名称"栏输入"桌面材质"，单击两次"确定"，完成参数添加，如图 5-69 所示。用同样的方法添加桌腿形体的材质参数"桌腿材质"。

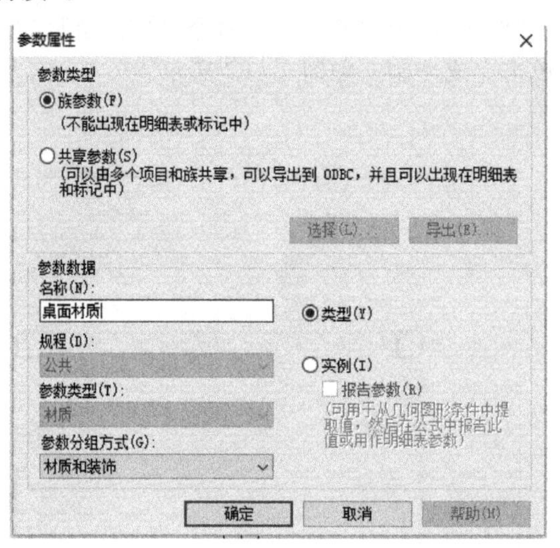

图 5-69

5. 修改族参数

单击"创建"选项卡下"属性"面板，单击"族类型"，如图 5-70 所示。

弹出"族类型"对话框，修改其中的尺寸标注，我们修改桌高 1200，桌长 1500，桌宽 1200，桌腿高 1150，点击"应用"，再点击"确定"，如图 5-71 所示。

此时桌子改变了尺寸，如图 5-72 所示。

家具族完成，现在就可以将家具族载入项目调试。

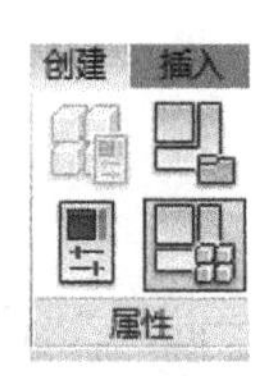

图 5-70

族类型
名称(N):
参数
值
公式
锁定
材质和装饰
桌面材质
<按类别>
桌腿材质
<按类别>
尺寸标注
桌高
1200.0
桌长
1500.0
桌腿高
1150.0
桌宽
1200.0
标识数据
族类型
新建(N)...
重命名(R)...
删除(E)
参数
添加(D)...
修改(M)...
删除(V)
查找表格
管理...(g)
确定
取消
应用(A)
帮助(H)

图 5-71

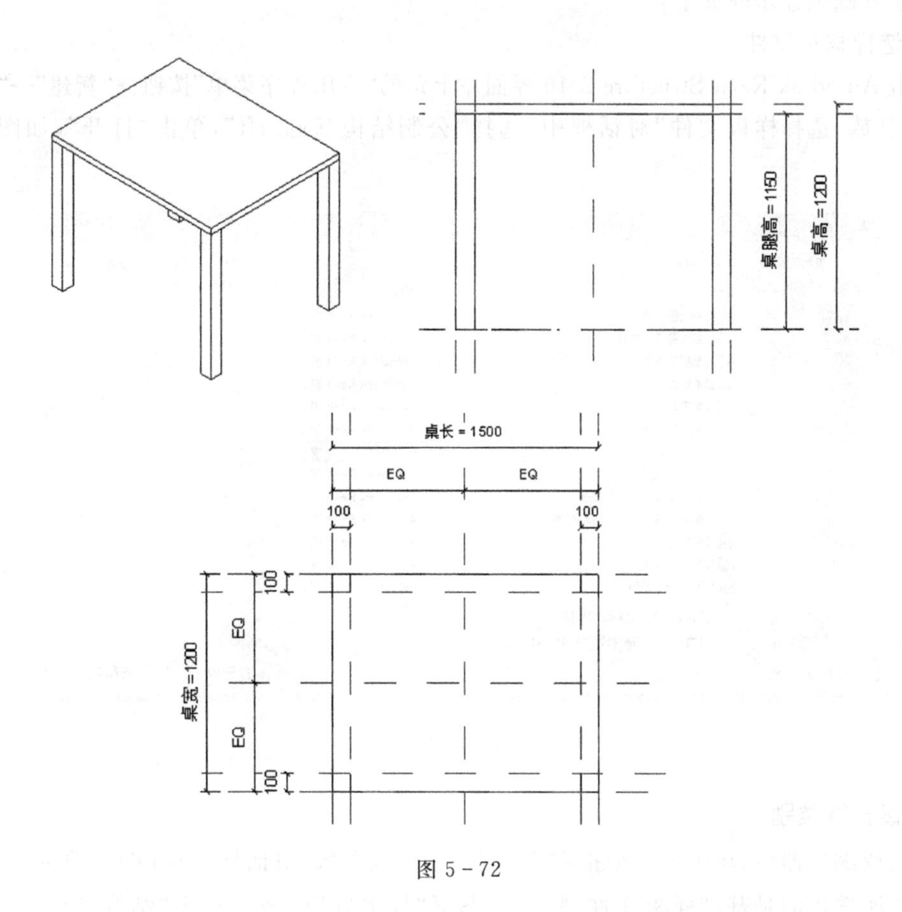
桌腿高 = 1150
桌高 = 1200
桌长 = 1500
EQ
EQ
100
100
桌宽 = 1200
EQ
EQ
100
100

图 5-72

第6章 结构族

6.1 创建结构基础

结构中常用的基础类型有扩张基础、条形基础、筏型基础、桩基础等，其在 Autodesk Revit Structure 中的实现不相同。其中一些在与其他结构分析软件互交时，不能作为结构基础传递。本节主要讲述 Revit Structure 中具备结构属性的三种基础类型：独立基础、墙基础和板基础。

6.1.1 独立基础

在 Revit 中独立基础是一个宽泛的概念，它包括拓展基础、桩基础、桩承台等，其中桩还可以是各种类型的桩，如预应力混凝土管桩、混凝土灌注桩、刚装等，只要在桩的定义中标明即可。

拓展基础创建步骤如下：

1. 选择样板文件

单击 Autodesk Revit Structure 2016 界面左上角的“应用程序菜单”按钮→“新建”→“族”。

在“新族-选择样板文件”对话框中，选择“公制结构基础. rft”，单击“打开”，如图 6-1 所示。

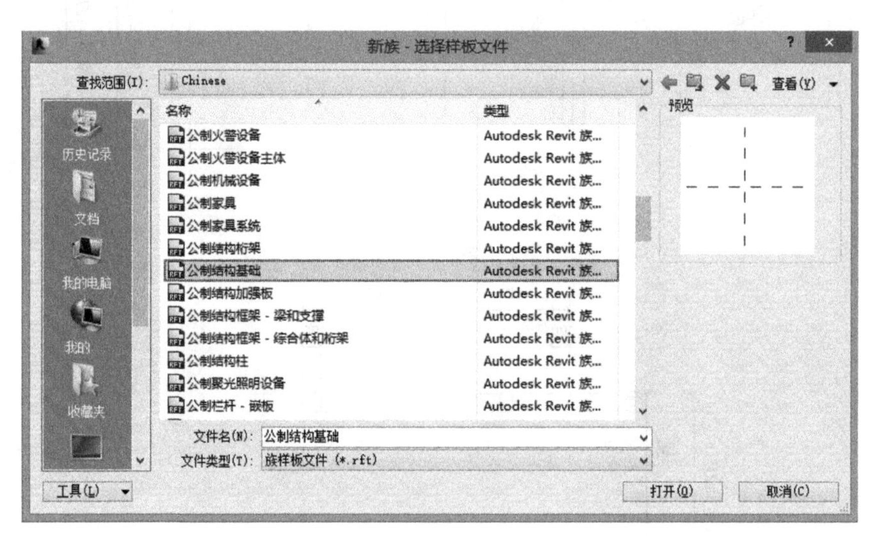

图 6-1

2. 设置族类别

进入族编辑器后，单击按钮，打开“族类别和族参数”对话框，如图 6-2 所示。

由于所选用的是基础样板文件，默认状态下“族类别”已被选择为“结构基础”。“族参数”对话框中还有一些参数可以勾选。

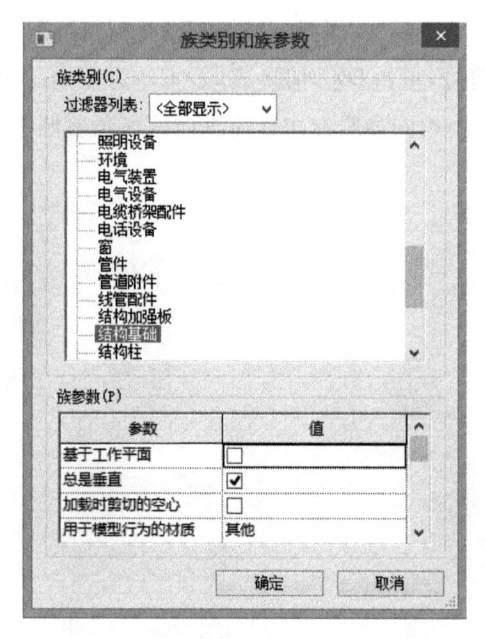

图 6 - 2

①基于工作平面:可以通过勾选此项,在放置基础时,不仅可以放置在某一标高上,还可以放置在某一工作平面上。

②总是垂直:不勾选此项,基础可以相对于水平面有一定的旋转角度,而不总是垂直。

③加载时剪切的空心:勾选该参数后,在项目文件中,基础可以被带有空心且基于面的实体切割时能显示出被切割的空心部分。默认设置为不勾选。

④结构材质类型:可以选择基础的材料类型,有钢、混凝土、预制混凝土、木材和其他五类。

3. 绘制参照平面

在项目浏览器里打开"参照标高"视图,单击"常用"选项卡→"基准"面板→"参照标高"命令,单击左键开始绘制参照平面,如图 6 - 3 所示。

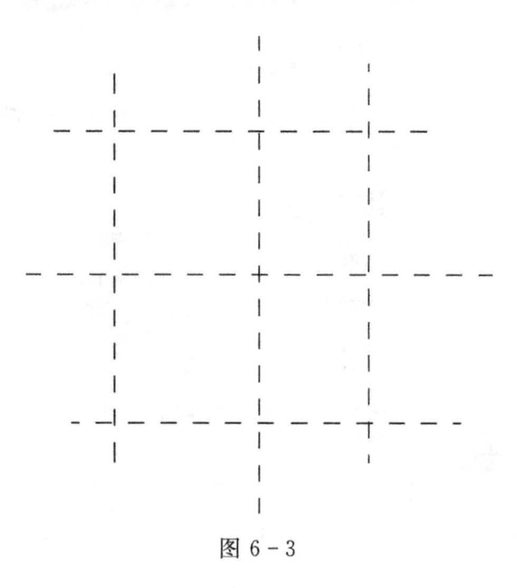

图 6 - 3

单击“注释”选项卡→“尺寸标注”面板→“对齐”命令，标注横向的三条参照平面，在连续标注的情况下会出现EQ符号，单击EQ，切换成EQ（EQ为距离等分符号），使三个参照平面间距相等，如图6-4所示，用相同参照方法标注纵向的三条参照平面。

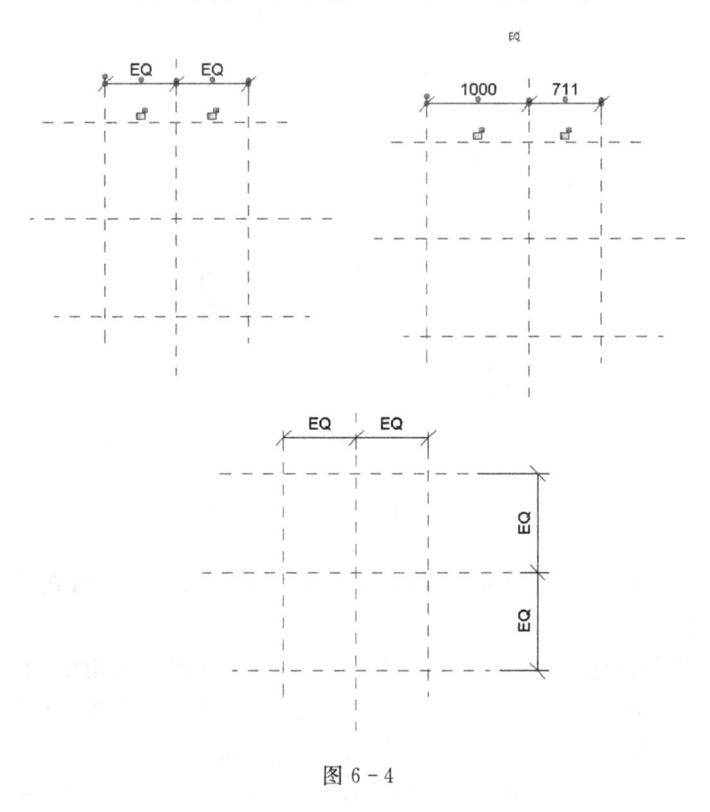

图6-4

快捷键DI标注参照平面尺寸，选择横向标注，单击“标签”→“添加参数”，弹出“参数属性”对话框，在“名称”栏输入“边长”，单击“确定”添加纵向标注为相同参数，如图6-5所示。

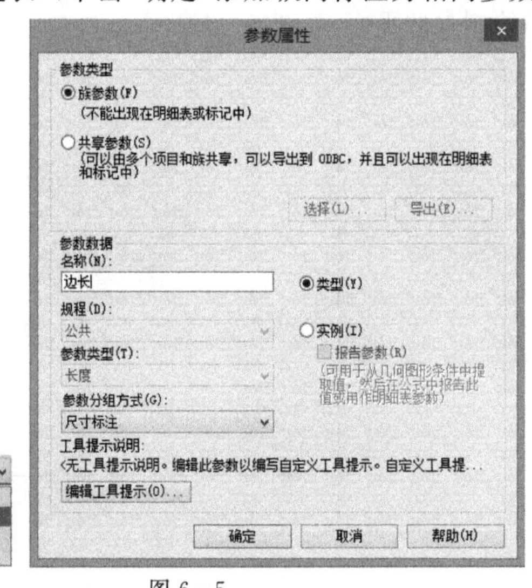

图6-5

4. 绘制基础

单击“常用”选项卡→“形状”面板→“拉伸”命令，单击“修改|创建拉伸”选项卡下“绘制”面板矩形按钮，绘制图形，并和参照平面锁定。单击“√”完成绘制。进入“前”立面视图，选中刚拉伸绘制的形体，拉伸下部与参照平面对齐锁定，如图 6－6 所示。

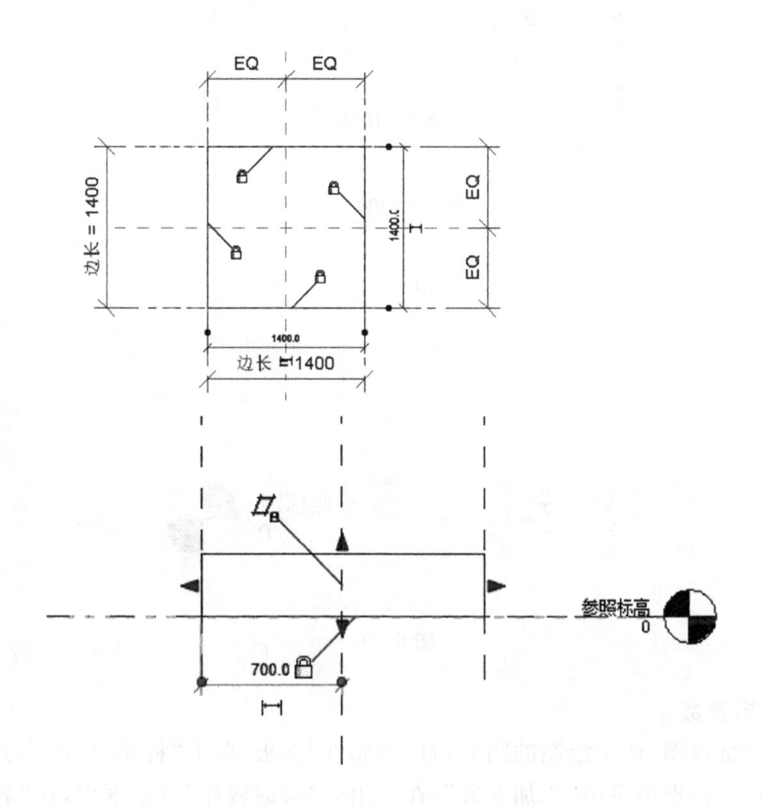

图 6－6

标注图形高度并添加参数“h1”，如图 6－7 所示。

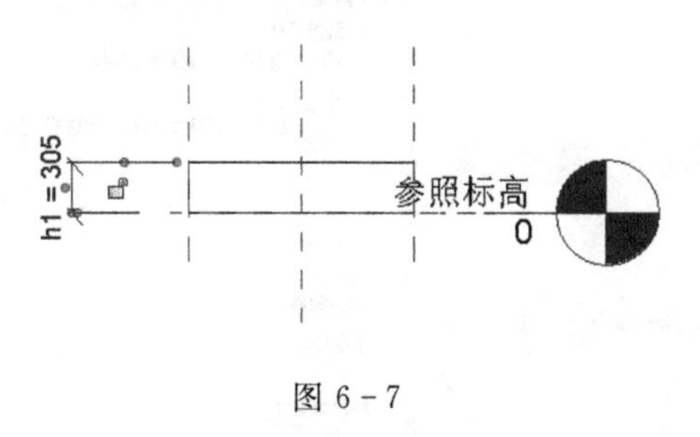

图 6－7

回到“参照标高”视图，单击“常用”选项卡→“形状”面板→“拉伸”命令，单击“修改|创建拉伸”选项卡下“绘制”面板矩形按钮，绘制图形，并用EQ平分，标注添加参数，如图 6－8 所示。进入“前”立面视图，选中刚拉伸绘制的形状，拉伸下部与第一次绘制的形体的上部对齐锁定。标注图形高度并添加参数“H”，如图 6－9 所示。

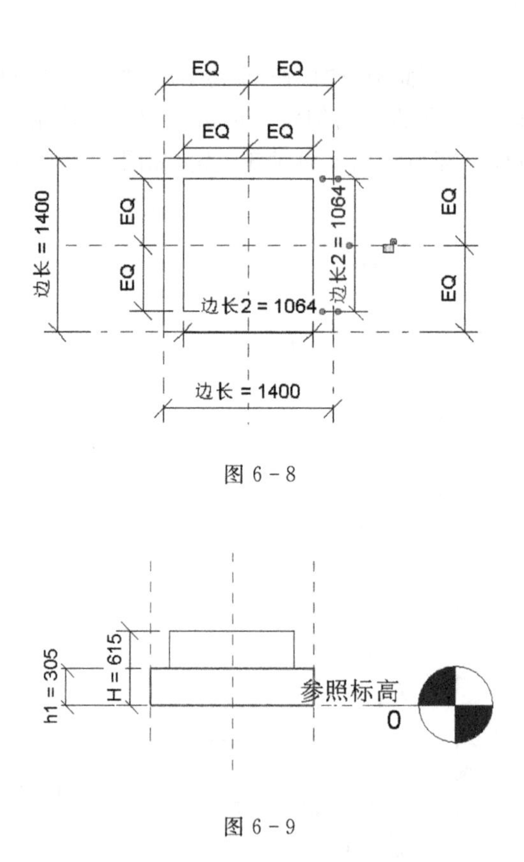

图 6-8

图 6-9

5. 添加材质参数

基础进入三维视图，选中绘制的图形，打开“属性”面板，单击“材质”后的小方框，在弹出的“关联族参数”对话框中单击“添加参数”，在弹出的“参数属性”对话框中，在“名称”栏输入“基础材质”，单击两次“确定”，如图 6-10 所示，完成材质参数的添加。

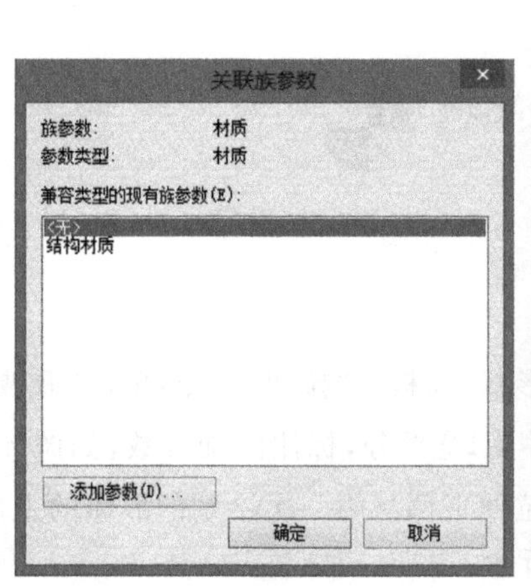

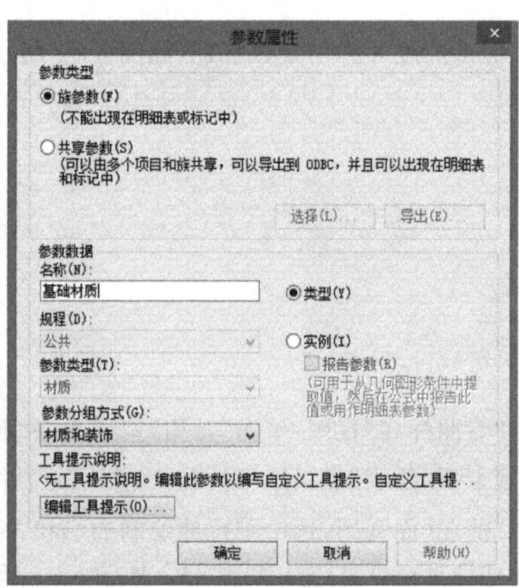

图 6-10

到此拓展基础族绘制完成，如图 6-11 所示，可载入项目中进行测试。

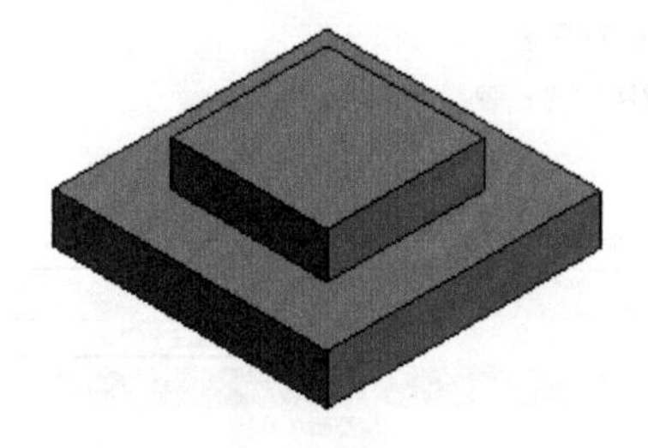

图 6-11

6.1.2 墙下条形基础

条形基础是结构基础类别的成员，并以墙为主体，可在平面视图或三维视图中沿着结构墙放置这些基础，条形基础被约束到所支撑的墙，并随之移动。

首先单击“常用”选项卡→“基础”面板→“条形”命令进入墙基础编辑界面。在墙基础“属性”对话框中，我们可以选择墙基础的类型，设置钢筋的保护层厚度、启用分析模型等，如图 6-12 所示。

属性

条形基础
承重基础 - 900 x 300

新建 结构基础 编辑类型

结构	
启用分析模型	☑
钢筋保护层 - 顶面	基础有垫层 <4...
钢筋保护层 - 底面	基础有垫层 <4...
钢筋保护层 - 其...	基础有垫层 <4...
尺寸标注	
长度	
宽度	1204.8
顶部高程	
底部高程	
体积	
标识数据	
图像	
注释	
标记	

属性帮助 应用

图 6-12

在“属性”对话框中单击“编辑类型”，打开“类型属性”对话框，在“类型属性”对话框中，可以修改或复制添加新的墙基础类型，如图 6-13 所示。

在“结构用途”一栏，此时默认类型是“基础”，还有另一选项“挡土墙”基础。其他参数意义，如图 6-14 所示，“300”即代表厚度，“900”即代表宽度，“0”代表默认端点延伸长度。

图 6-13

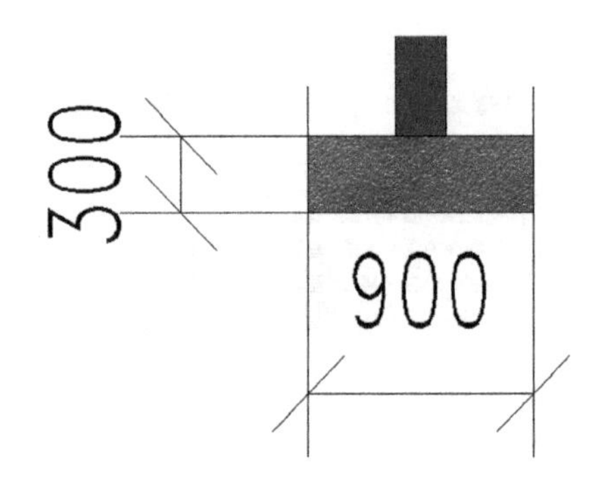

图 6-14

参数中还有一栏“不在插入对象处剪断”，如图 6-15 所示，左图是不勾选该选项的效果，右图是勾选该项的效果。

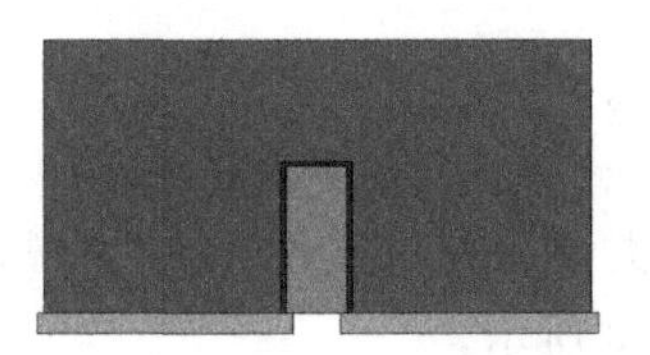 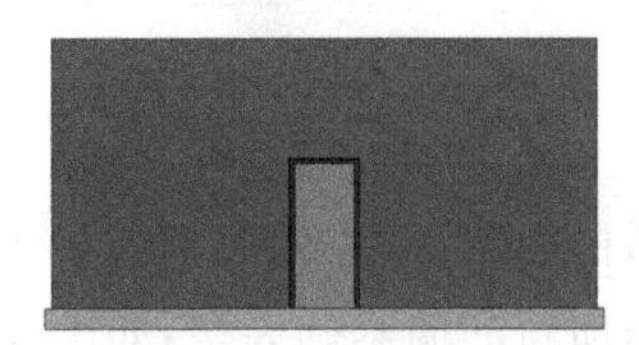

图 6-15

墙基础添加后，在“属性”对话框中会出现“偏心”一栏，如图 6－16 所示，“100”即代表偏心距离。

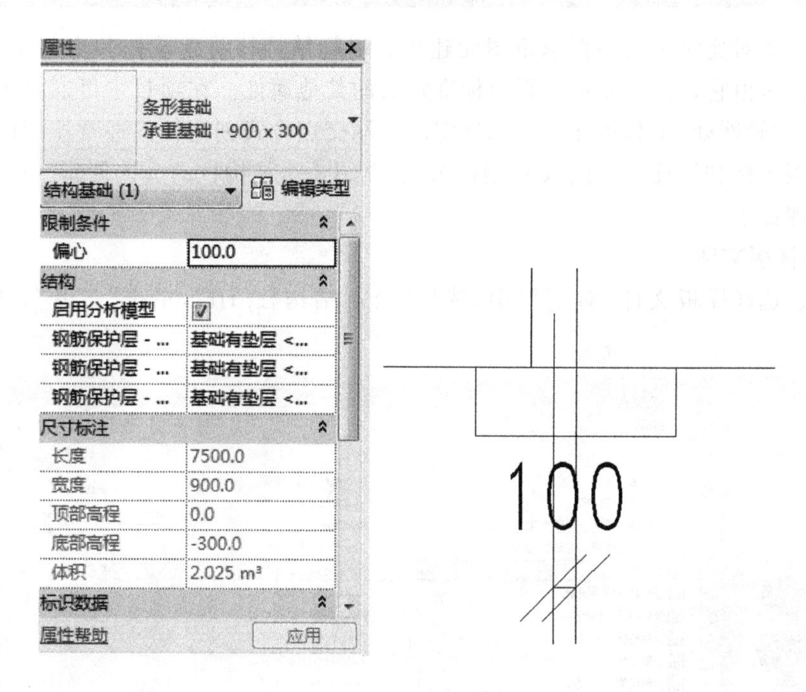

图 6－16

6.1.3 板基础

板基础和墙基础一样是系统自带的族文件。板基础的性能和结构楼板有很多相似之处，下面来介绍板基础的应用和参数设置。

首先单击“创建”选项卡→“基础”面板→“板”命令，在板基础的下拉菜单下有两种工具，分别是“基础底板”和“楼板边缘”。单击“基础底板”，进入“板基础”编辑状态，可以根据基础的边界形状选择合适的形状绘制工具，在绘图区域内绘制板基础的形状，如图 6－17 所示。

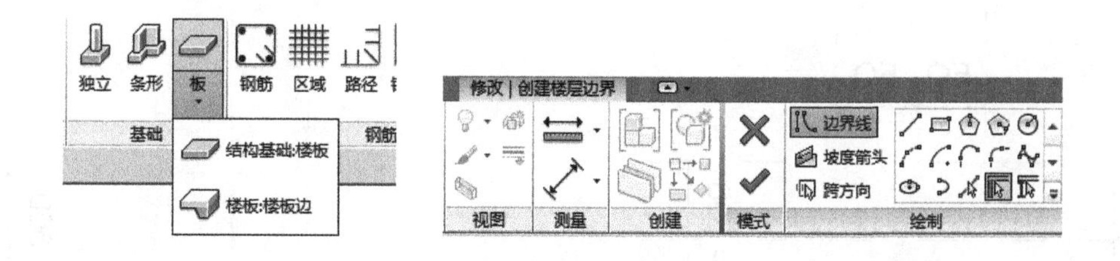

图 6－17

其实例属性和类型属性的设置也和结构楼板基本相同，但与结构楼板不同的是，在绘制板基础时，默认状态下没有板跨方向，用户可以通过单击“跨方向”按钮，然后选中绘图区域的“板基础”边界线，即可为板基础添加板跨方向。也可以通过单击“坡度箭头”按钮，为板基础添加坡度。

6.2 创建结构柱

结构柱用于对建筑中的垂直承重图元建模。尽管结构柱与建筑柱共享很多属性，但结构柱还具有许多由它自己的配置和行业标准定义的其他属性。在项目中可通过手动放置每根柱或使用“在轴网处”工具将柱添加到选定的轴网交点方式创建柱。通常使用的结构柱主要是钢筋混凝土柱和钢柱。下面以 L 型柱为例，介绍一个结构柱的具体创建过程。

创建步骤如下：

1. 选择样板文件

在“新族-选择样板文件”对话框中，选择“公制结构柱. rft”，单击“打开”，如图 6 - 18 所示。

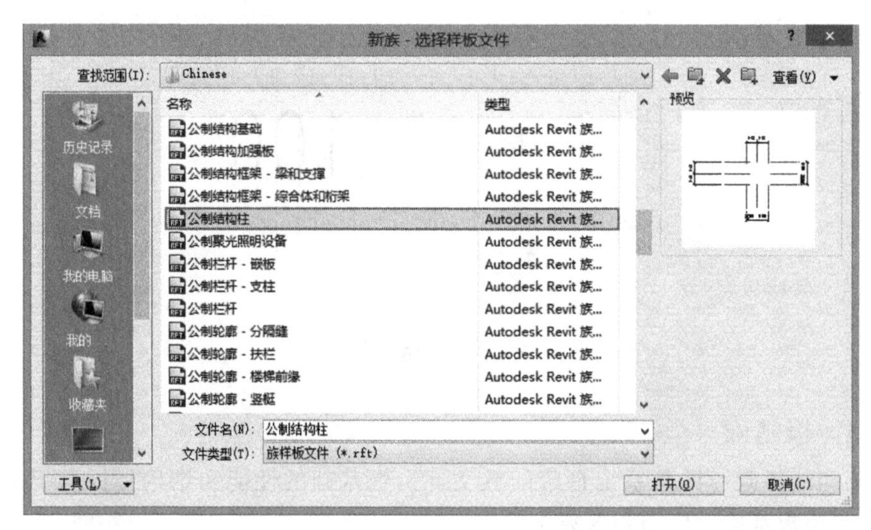

图 6 - 18

2. 修改原有样板

进入“楼层平面”→“低于楼层平面”视图，删除原样板中的EQ 等分标注，如图 6 - 19 所示。

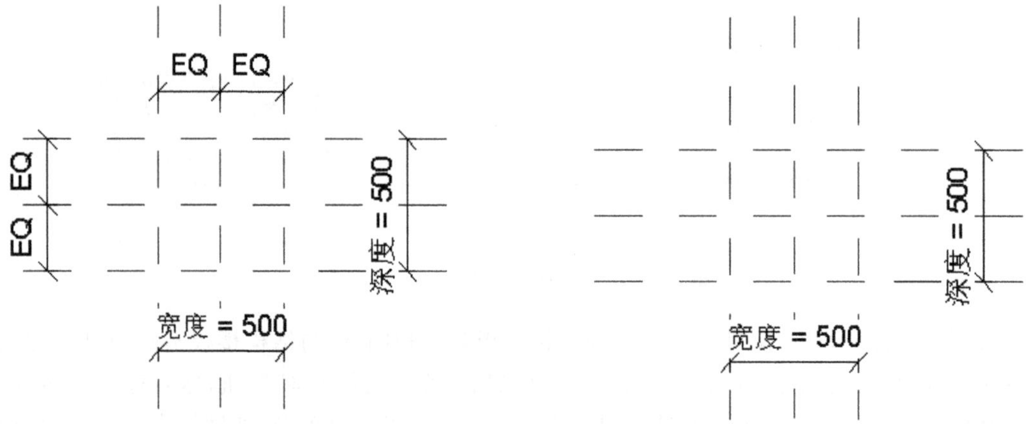

EQ EQ
EQ EQ
深度 = 500
宽度 = 500
深度 = 500
宽度 = 500

图 6 - 19

移动两条参照平面，具体位置不重要。“宽度”和“深度”参数是原有的，而“厚度”参数需要新建，按快捷键 DI 标注参照平面尺寸，如图 6－20 所示。

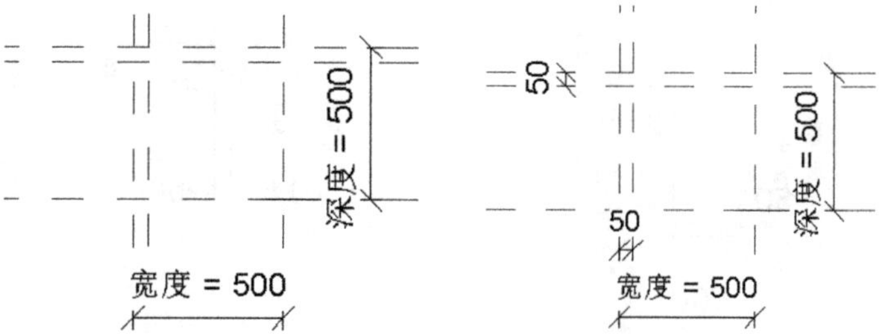

图 6－20

选中横向标注，单击“标签”→“添加参数”，弹出“参数属性”对话框，在“名称”栏输入“厚度”，单击“确定”，如图 6－21 所示。用同样的方法添加竖向标注参数。

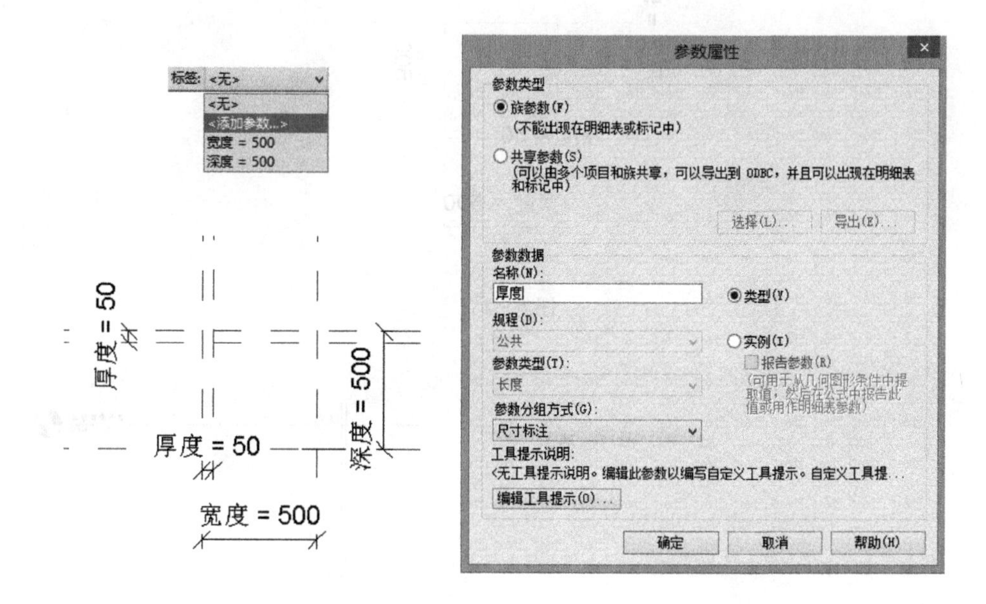

图 6－21

3. 绘制柱

进入“楼层平面”→“低于参照标高”视图，单击“创建”选项卡→“形状”面板→“拉伸”命令，绘制拉伸轮廓，并与参照平面锁定，如图 6－22 所示，重复上一步操作。

单击“修改”面板，修改绘制的草图，如图 6－23 所示，完成拉伸绘制。

打开“前”视图，选中刚绘制的矩形形体拉伸上部并与“高于参照标高”锁定，拉伸下部并与“低于参照标高”锁定，如图 6－24 所示。

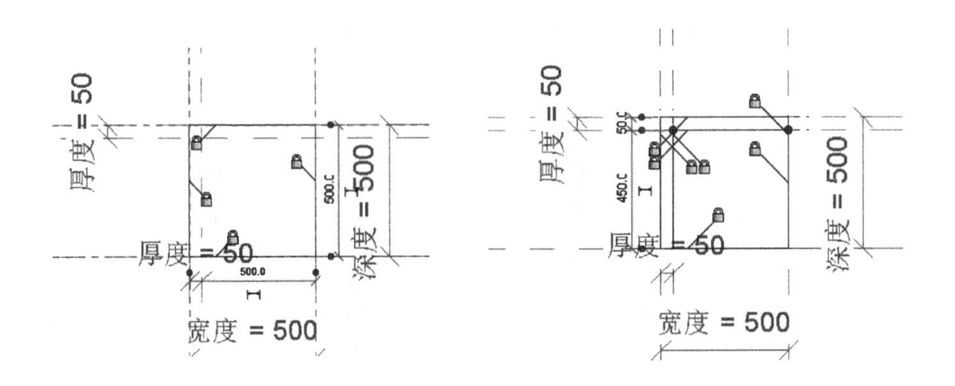

图 6-22

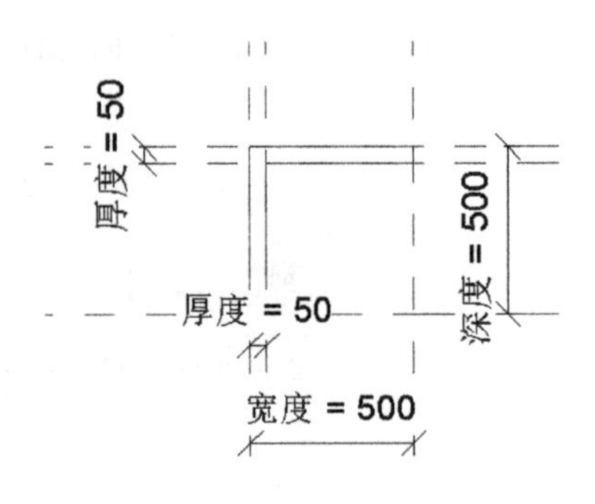

图 6-23

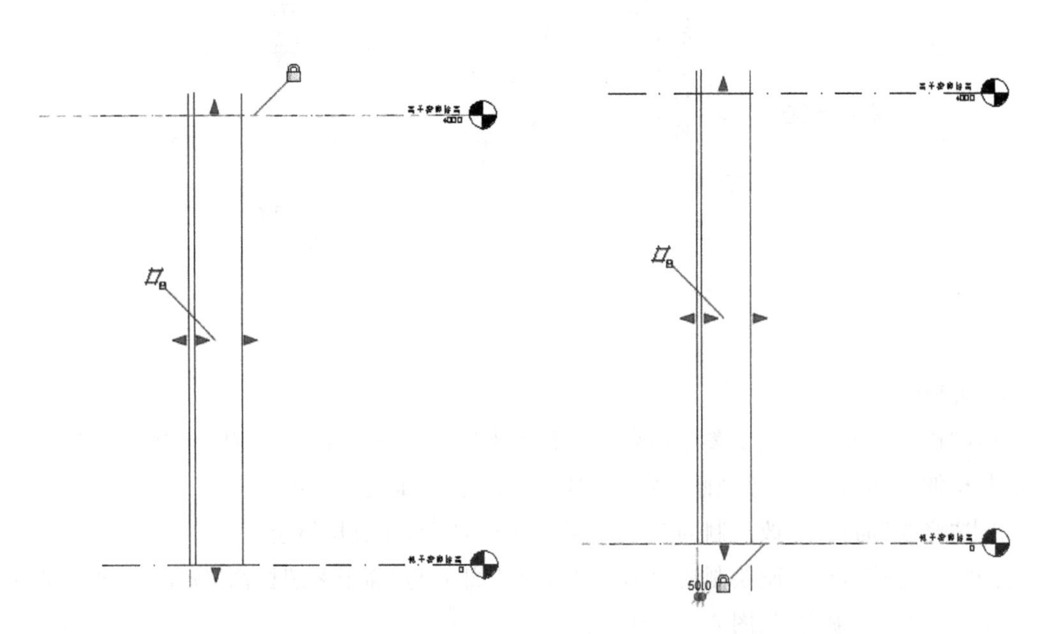

图 6-24

4. 添加材质参数

进入三维视图,选中柱子,打开“属性”面板,单击“材质”后的小方框,在弹出的“关联族参数”对话框中单击“添加参数”,在弹出的“参数属性”对话框中,在“名称”栏输入“柱子材质”,单击两次“确定”,如图 6 - 25 所示,完成材质参数的添加。

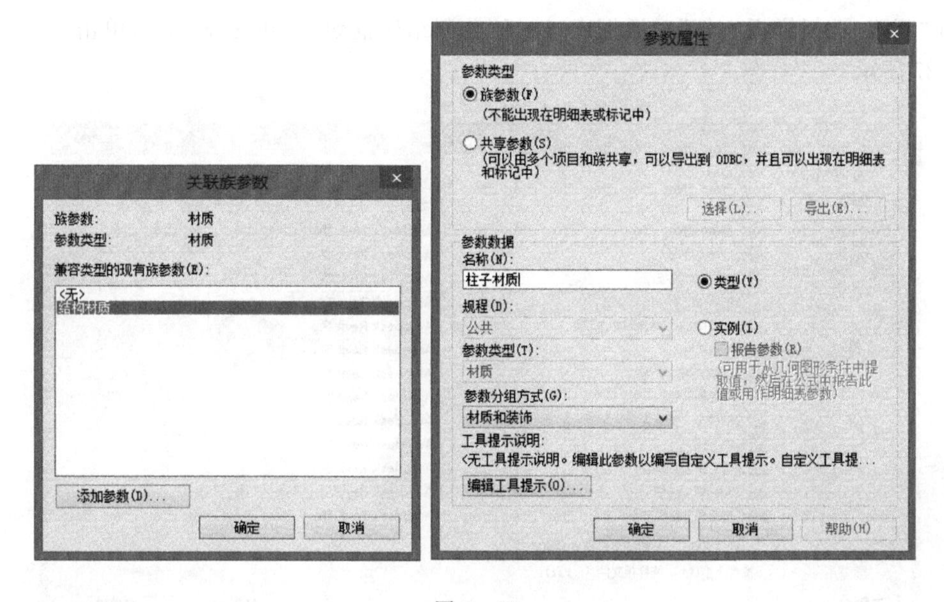

图 6 - 25

到此 L 型柱族创建完成(见图 6 - 26),可载入项目中进行测试。具体项目中还会用到矩形柱、圆柱、工字钢柱等,其创建方法与 L 型柱相同,只是绘制拉伸轮廓不同而已,这里不再作说明。

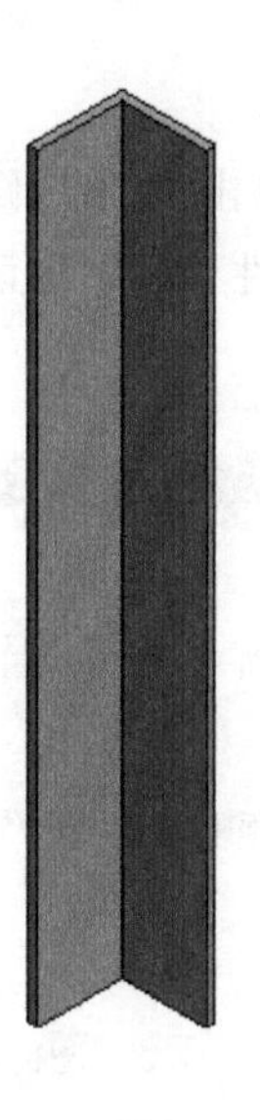

图 6 - 26

6.3 创建结构梁

创建步骤如下：

1. 选择样板文件

在“新建-选择样板文件”对话框中，选择“公制结构框架-梁和支撑.rft”，单击“打开”，如图6-27所示。

图6-27

2. 修改原有样板

删除在梁中心的线和两条参照平面。

3. 修改可见性

选中用“拉伸”命令创建的梁形体，单击“拉伸/修改”上下文选项卡→“设置”面板→“可见性设置”命令，在弹出的“族图元可见性设置”对话框中，勾选“粗略”，单击“确定”，如图6-28所示。

族图元可见性设置
视图专用显示
显示在三维视图和：
☑平面/天花板平面视图
☑前/后视图
☑左/右视图
☑当在平面/天花板平面视图中被剖切时(如果类别允许)
详细程度
☑粗略　□中等　□精细
确定　取消　默认(D)　帮助(H)

图6-28

此时梁形体为黑色显示，而不再是灰色，如图 6－29 所示。

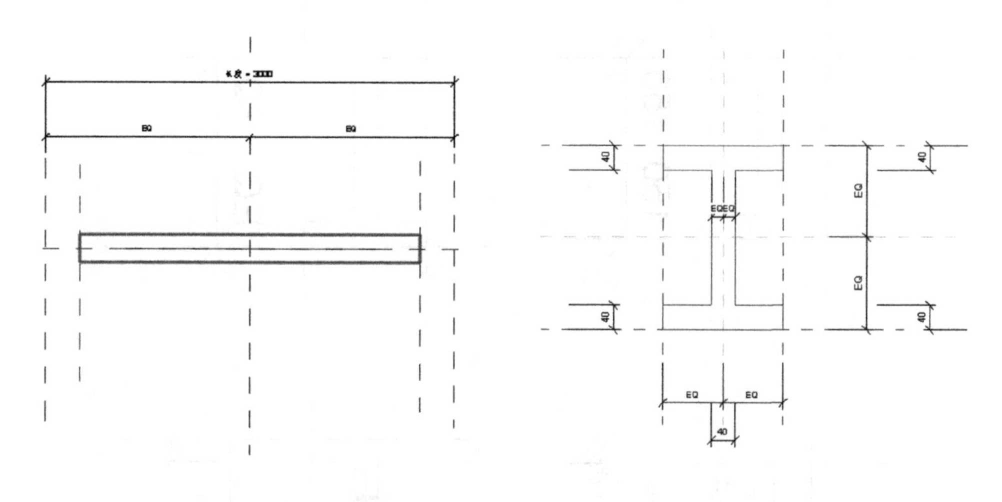

图 6－29

4. 修改拉伸

进入立面“右”视图，选中拉伸形体，单击“修改/拉伸”上下文选项卡→“模式”面板→“编辑拉伸”命令，进入拉伸绘图模式，修改拉伸轮廓，如图 6－30 所示。

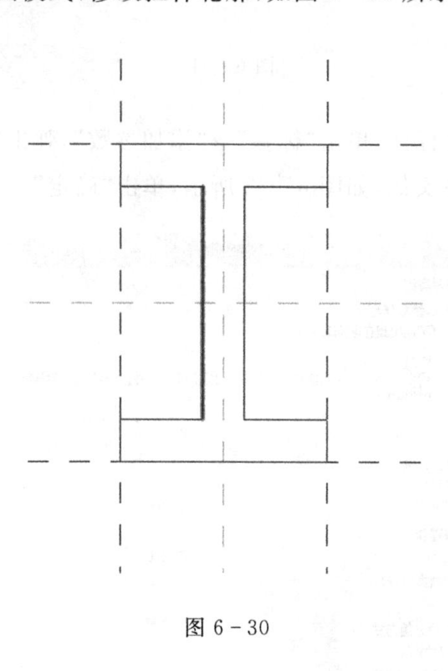

图 6－30

等分参照平面。单击“注释”选项卡→“尺寸标注”面板→“对齐”命令，标注参照平面，在连续标注的情况下会出现 EQ 符号，单击 EQ，切换成EQ，使三个参照平面间距相等。接着为草图添加尺寸标注，并将草图与参照平面锁定，如图 6－31 所示。

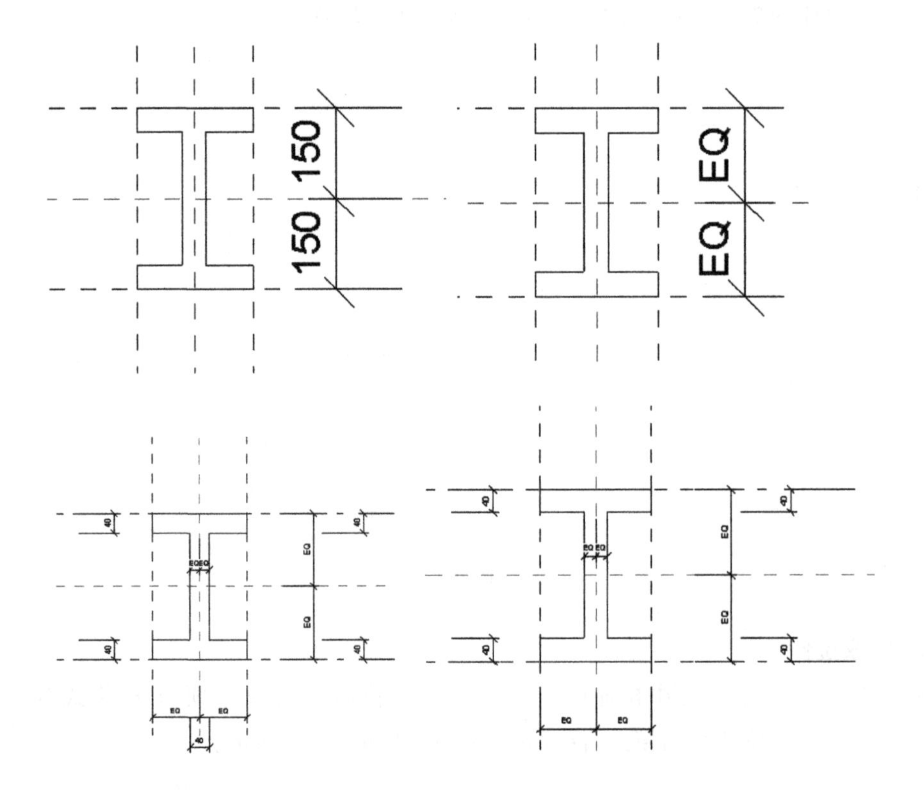

图 6 - 31

选中刚放置的“40”尺寸标注，单击“标签”→“添加参数”，弹出“参数属性”对话框，在“名称”栏输入“梁中宽度”，选择实例，如图 6 - 32 所示，单击“确定”。

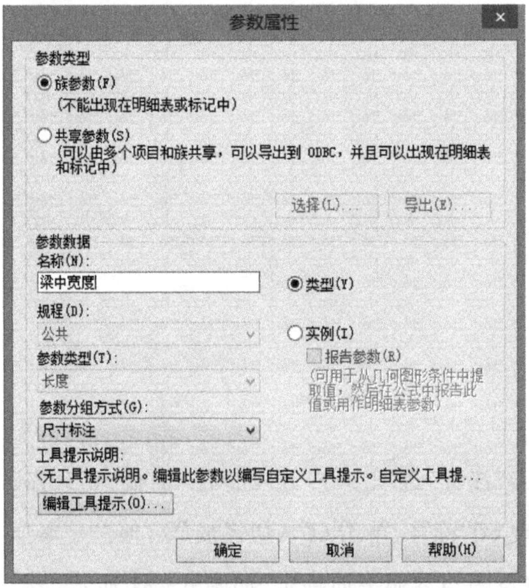

参数属性

参数类型

◉ 族参数(F)
(不能出现在明细表或标记中)

○ 共享参数(S)
(可以由多个项目和族共享，可以导出到 ODBC，并且可以出现在明细表和标记中)

选择(L)... 导出(E)...

参数数据

名称(N):
梁中宽度

◉ 类型(Y)

规程(D):
公共

○ 实例(I)

参数类型(T):
长度

报告参数(R)
(可用于从几何图形条件中提取值，然后在公式中报告此值或用作明细表参数)

参数分组方式(G):
尺寸标注

工具提示说明:
<无工具提示说明。编辑此参数以编写自定义工具提示。自定义工具提...

编辑工具提示(O)...

确定 取消 帮助(H)

图 6 - 32

用相同方法添加其他参数，如图 6－33 所示，单击完成拉伸。

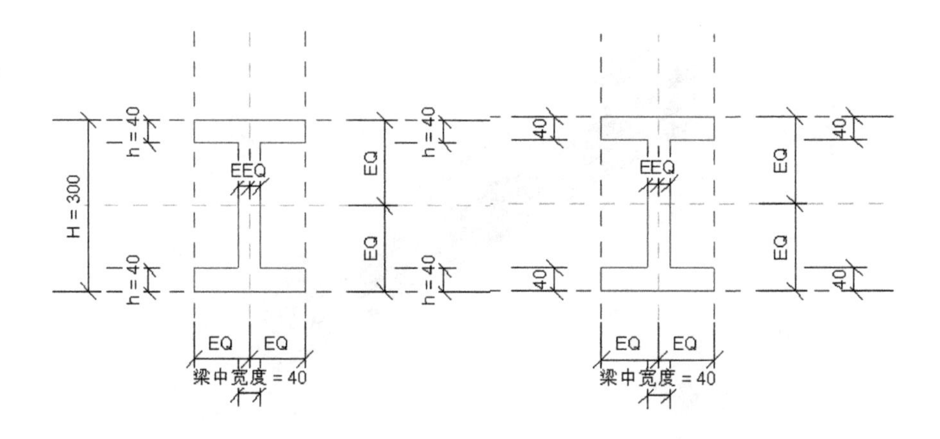

图 6－33

5. 添加材质参数

进入三维视图，选中绘制的梁，打开“属性”面板，单击“材质”后的小方框，在弹出的“关联族参数”对话框中单击“添加参数”，在弹出的“参数属性”对话框中，在“名称”栏输入“梁材质”，单击两次“确定”。如图 6－34 所示，完成材质参数的添加。

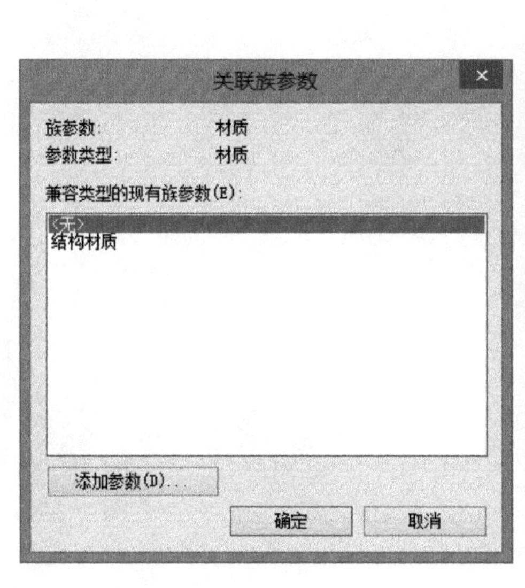

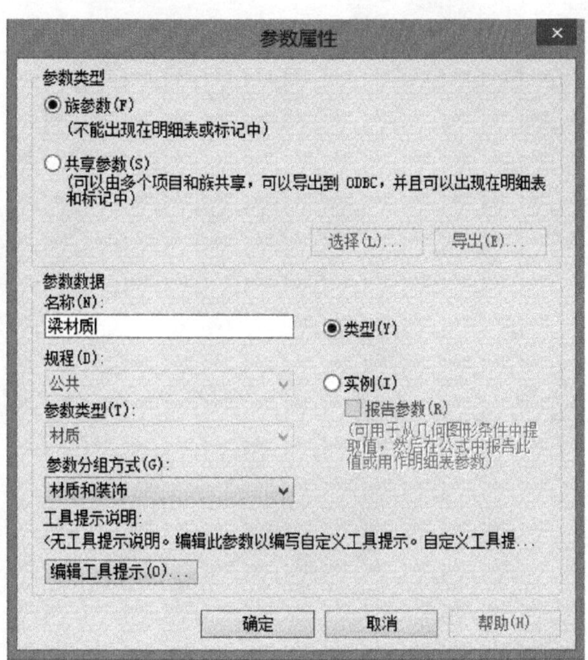

图 6－34

到此工字梁族绘制完成,如图 6-35 所示,可载入项目中进行测试。

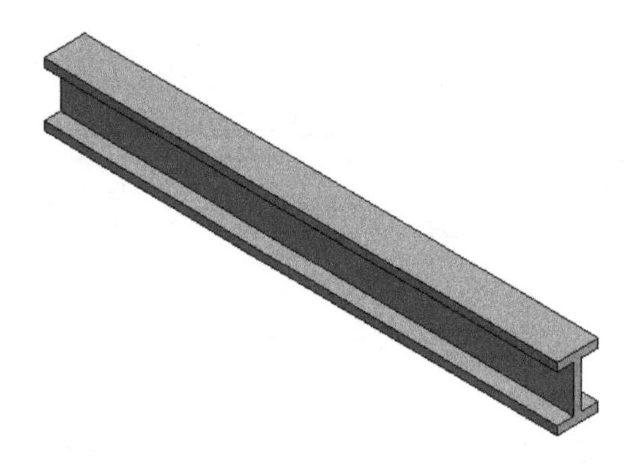

图 6-35

第 7 章　MEP 族的创建

7.1　风管管件

7.1.1　选择样板文件

打开样板文件，单击应用程序菜单按钮，单击“新建”侧拉菜单→“族”按钮。在弹出的“新族-选择样板文件”对话框中，双击打开“注释”文件夹，选择“公制常规模型.rft”样板文件，单击“打开”按钮，如图 7-1 所示。

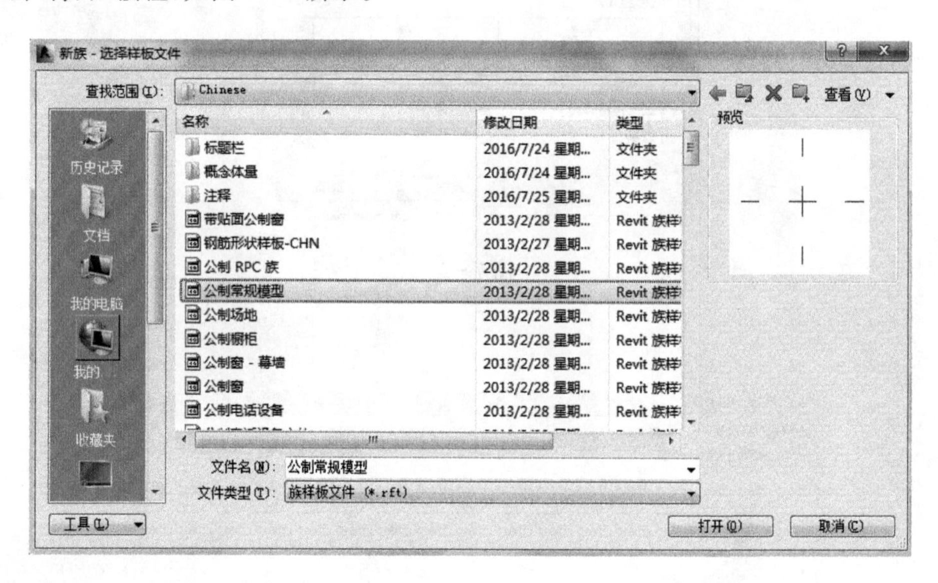

图 7-1

7.1.2　修改族类别

单击“常用”/“修改”→“属性”面板→“族类别与族参数”按钮，在族类别中选择“风管管件”，“零件类型”修改为“T 形三通”，如图 7-2 所示。

7.1.3　创建风管管件及添加参数

1. 创建风管

进入前立面视图，单击“视图”选项卡→“图形”面板→“可见性/图形”按钮，在弹出的对话框中，单击“注释类别”选项卡，勾选掉“标高”，避免在编辑时对锁定造成影响，如图 7-3 所示。

进入参照标高平面视图，绘制(见图 7-4)参照平面。

单击“常用”选项卡→“形状”面板→“拉伸”按钮，绘制矩形轮廓并与参照平面锁定，修改拉伸终点为 400，如图 7-5 所示。单击“完成”按钮完成拉伸。

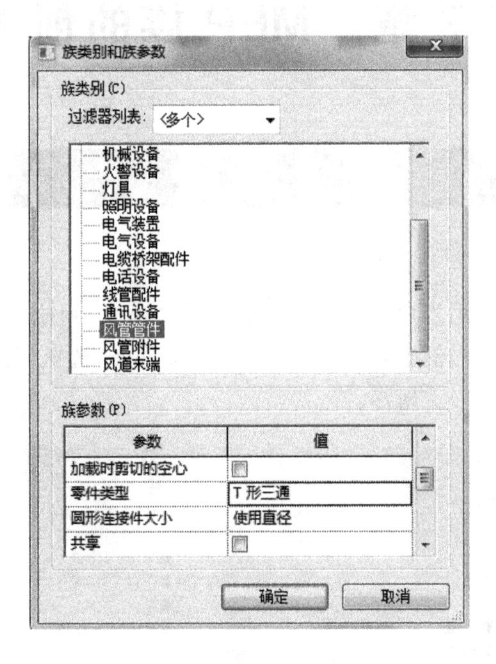
族类别和族参数
族类别(C)
过滤器列表: <多个>
机械设备
火警设备
灯具
照明设备
电气装置
电气设备
电缆桥架配件
电话设备
线管配件
通讯设备
风管管件
风管附件
风道末端
族参数(P)
参数
值
加载时剪切的空心
零件类型
T形三通
圆形连接件大小
使用直径
共享
确定
取消

图 7-2

图 7-3

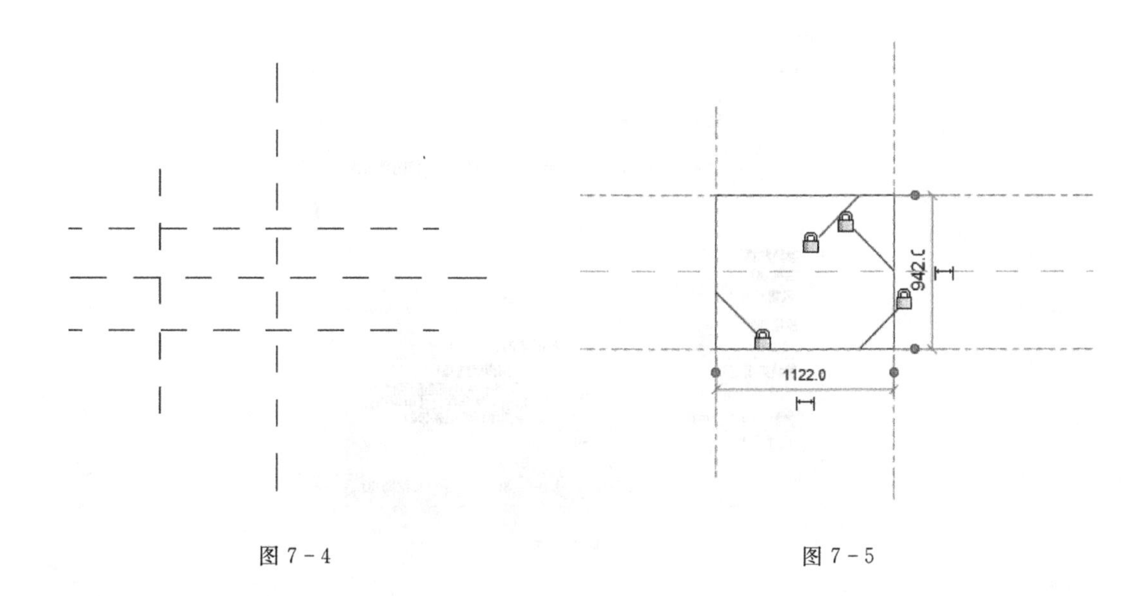

图 7-4　　　　图 7-5

对刚刚绘制的参照平面进行尺寸标注及均分，利用对齐命令将拉伸实体轮廓分别与参照平面锁定，如图 7-6 所示。

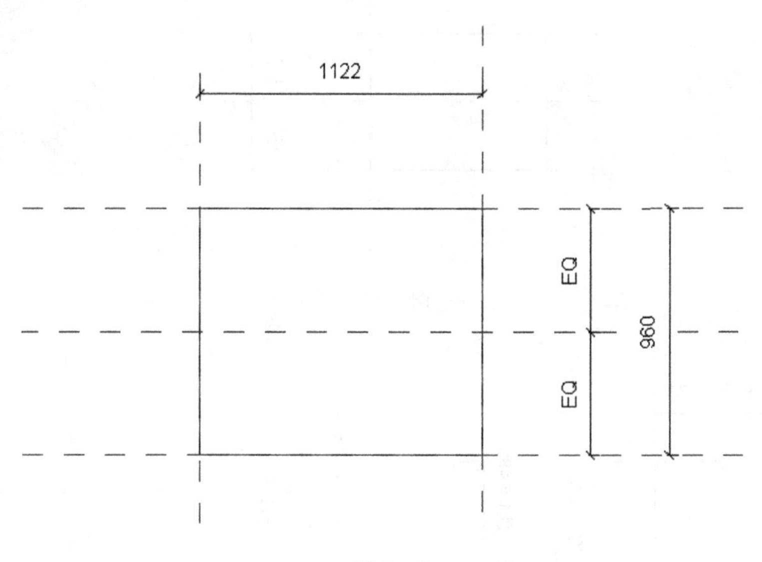

图 7-6

选择刚刚添加的标注，单击选项栏中的“标签”下拉箭头的“添加参数”。在弹出的“参数属性”对话框进行设置，如图 7-7 所示。

同理，添加“风管长度 1”参数，如图 7-8 所示。

进入前立面视图，绘制如图 7-9 所示参照平面，进行尺寸标注和均分，并对此尺寸标注添加参数。将拉伸几何图形的轮廓与所绘制的参照平面锁定，如图 7-9 所示。

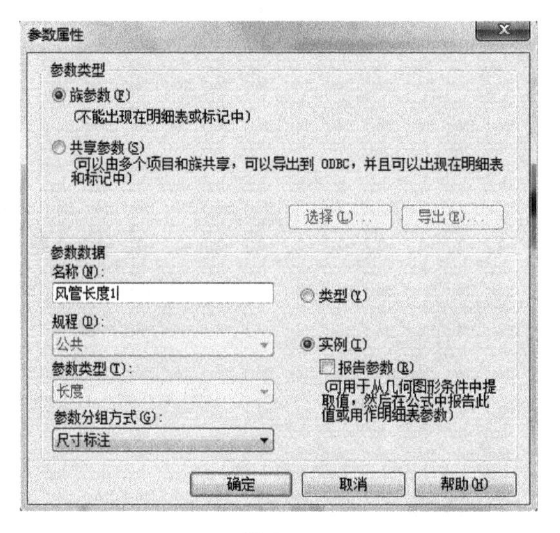

图 7-7

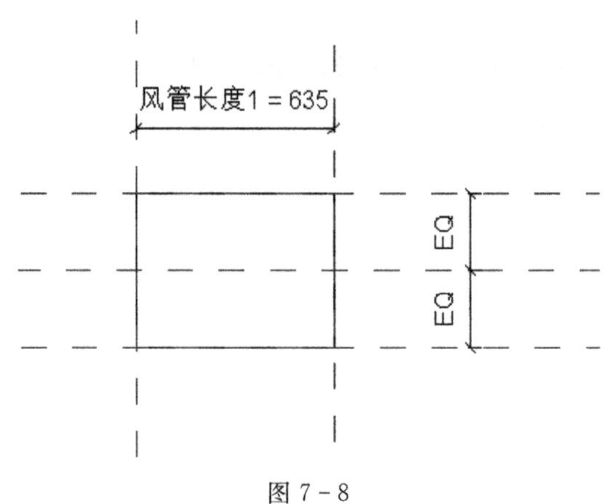

图 7-8

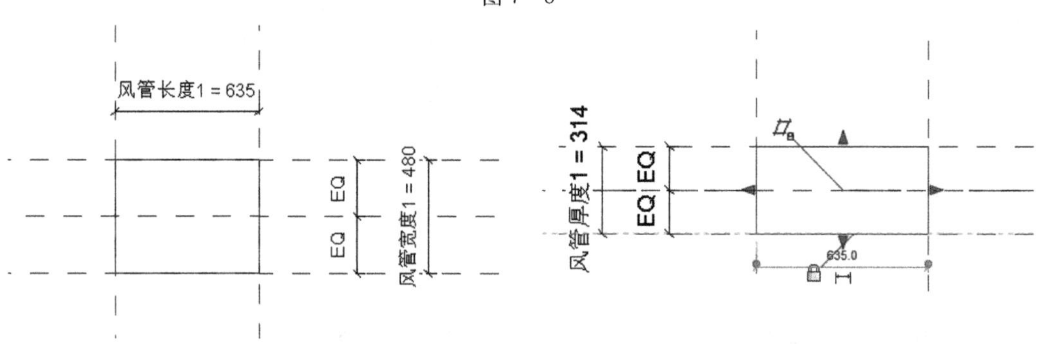

图 7-9

2. 创建风管弯头

进入参照标高平面视图，单击“常用”选项卡→“形状”面板→“放样”按钮。选择“绘制路径”，首先绘制参照平面，添加尺寸标注，并为尺寸标注添加参数“L”“肩部长度”，如图7-10所示。

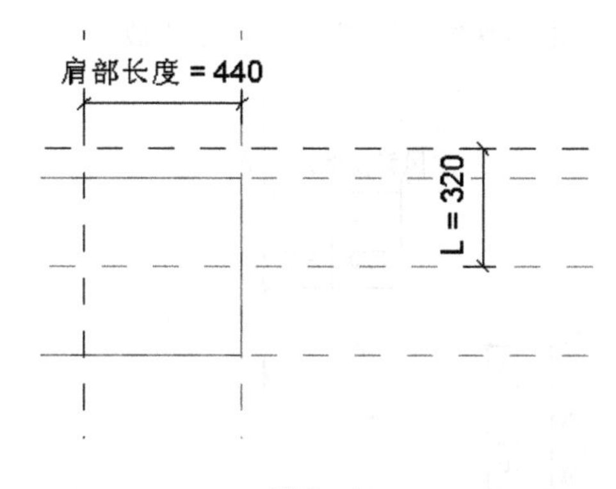

图 7－10

单击“圆心-端点弧”绘制路径，绘制完成后，单击“注释”选项卡→“尺寸标注”面板→“径向”按钮，为所绘制的弧形轮廓添加标注，并添加尺寸参数“R”，如图 7－11 所示。单击“完成”按钮 ✔ 完成路径绘制。

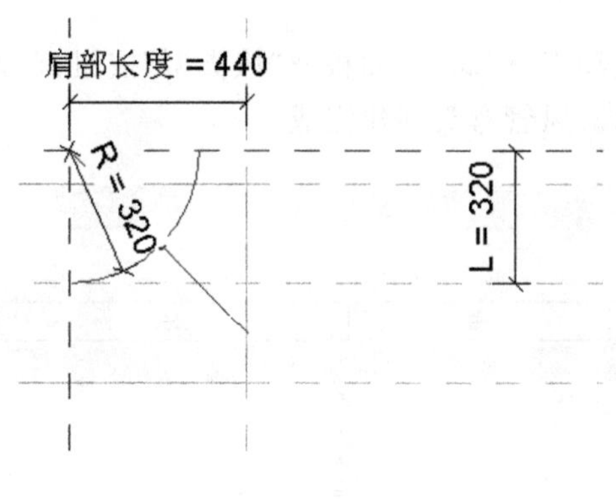

图 7－11

单击“绘制轮廓”按钮，在弹出的对话框中选择“三维视图”，进入三维视图，如图 7－12 所示。

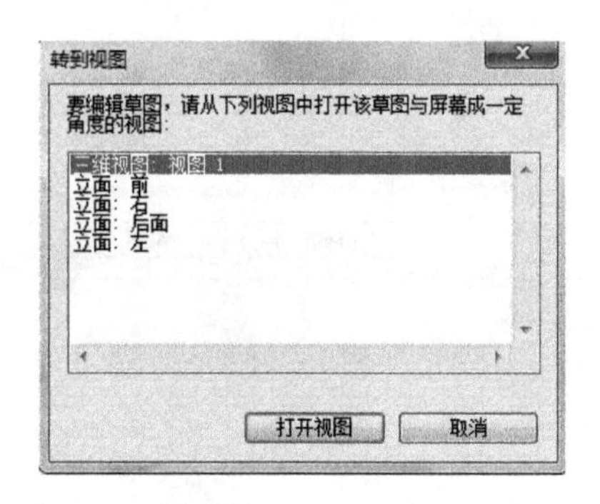

图 7－12

绘制矩形轮廓，对轮廓进行尺寸标注和均分，为尺寸标注添加参数“风管宽度 2”和“风管厚度 2”，如图 7－13 所示。单击两次“完成”按钮 ✔，完成放样。

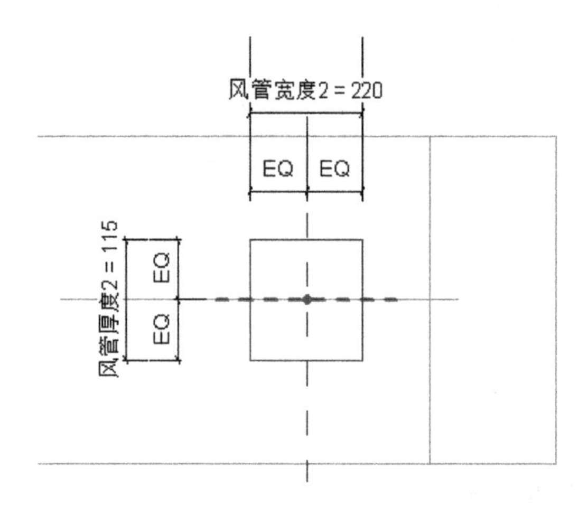

图 7－13

单击“常用”/“修改”选项卡→“属性”面板→“族类型”按钮，在弹出的“族类型”对话框中添加公式，如图 7－14 所示。风管弯头创建完成。

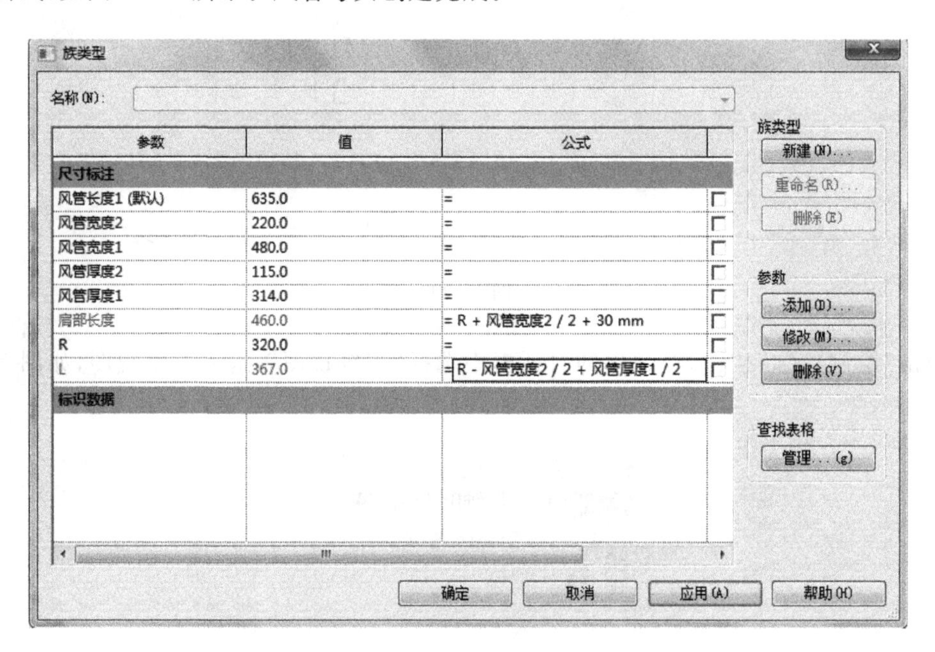

参数	值	公式	
尺寸标注			
风管长度1 (默认)	635.0	=	
风管宽度2	220.0	=	
风管宽度1	480.0	=	
风管厚度2	115.0	=	
风管厚度1	314.0	=	
肩部长度	460.0	= R + 风管宽度2 / 2 + 30 mm	
R	320.0	=	
L	367.0	= R - 风管宽度2 / 2 + 风管厚度1 / 2	
标识数据			

图 7－14

3. 创建风管接头

进入右立面视图，单击“常用”选项卡→“形状”面板→“融合”按钮，按照主管轮廓绘制矩形轮廓并与主管轮廓锁定，如图 7－15 所示。

单击“编辑顶部”按钮，绘制一个矩形轮廓，并对轮廓进行尺寸标注和均分，为尺寸添加参数，如图 7－16 所示。单击“完成”按钮 ✔ 完成融合。

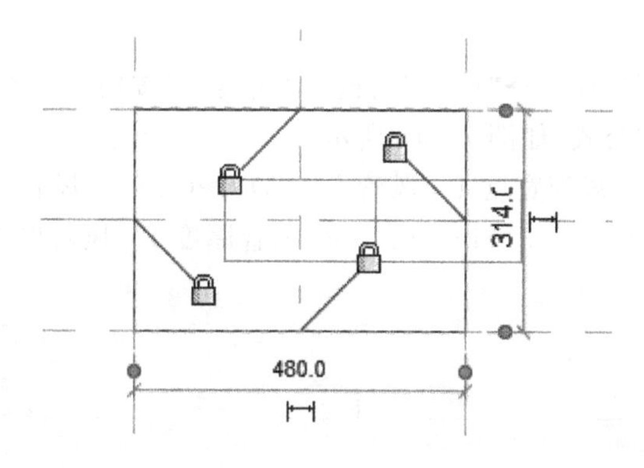

图 7－15

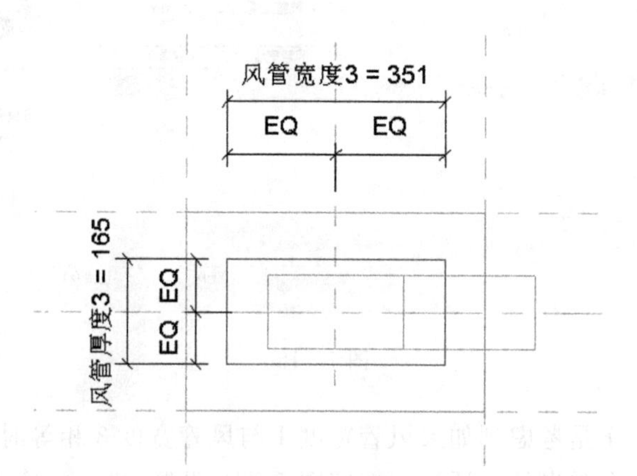

图 7－16

进入前立面视图，绘制参照平面，添加尺寸标注及参数“变径长度”。将刚刚绘制的融合几何图形的顶部与参照平面锁定，如图 7－17 所示。风管接头创建完成。

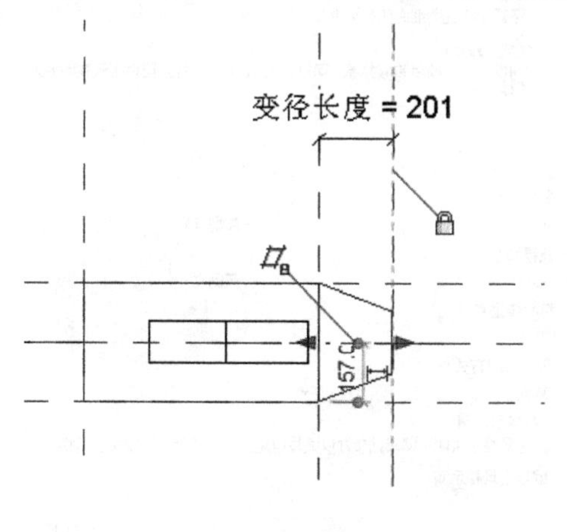

图 7－17

4．整理参数

单击“常用”/“修改”选项卡→“属性”面板→“族类型”按钮，在弹出的“族类型”对话框中，为“变径长度”添加公式，如图 7－18 所示。

变径长度＝if((1.5＊(风管宽度 1－风管宽度 3))＞(1.5＊(风管厚度 1－风管厚度 3))，(1.5＊(风管宽度 1－风管宽度 3＋1))，(1.5＊(风管厚度 1－风管厚度 3＋1)))。

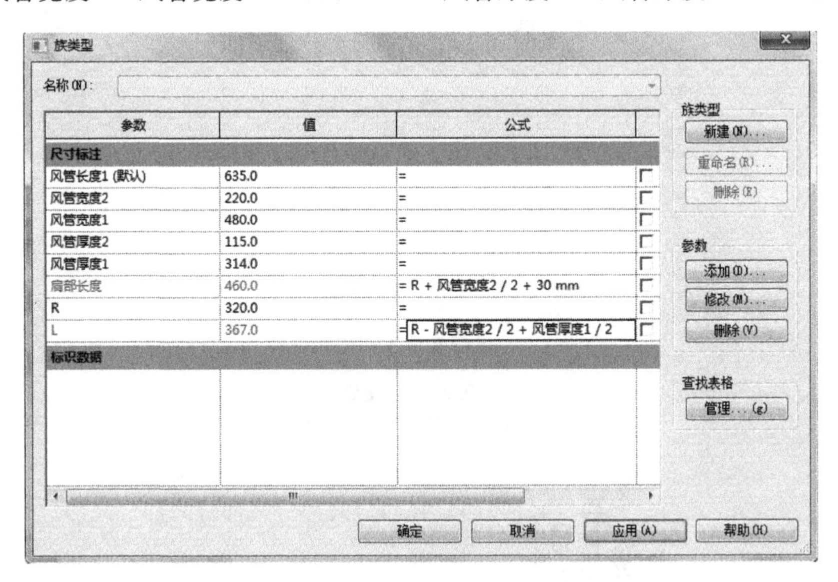

图 7－18

注意：在后面加上 1 是考虑到如果风管宽度 1 与风管宽度 3 相等时让其差值不为零。

单击“添加”按钮，在弹出的对话框中按照图 7－19 设置，将 n 的值设为 1，设这个 n 参数是为了给后面弧形风管半径增加一个曲率参数，方便调节弧度的大小。

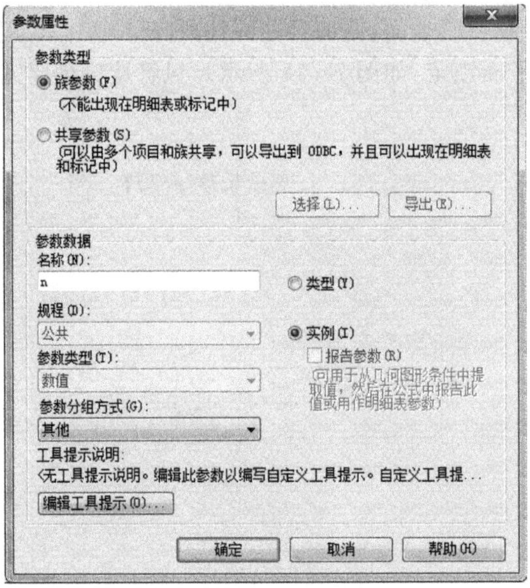

图 7－19

为参数 R 编辑公式“R=风管宽度 2 ∗ n”。

7.1.4 添加连接件

进入默认三维视图,单击“常用”选项卡→“连接件”面板→“连接件”下拉菜单→“风管连接件”命令。利用 Tab 键选择所需添加连接件的面逐一添加,如图 7-20 所示。

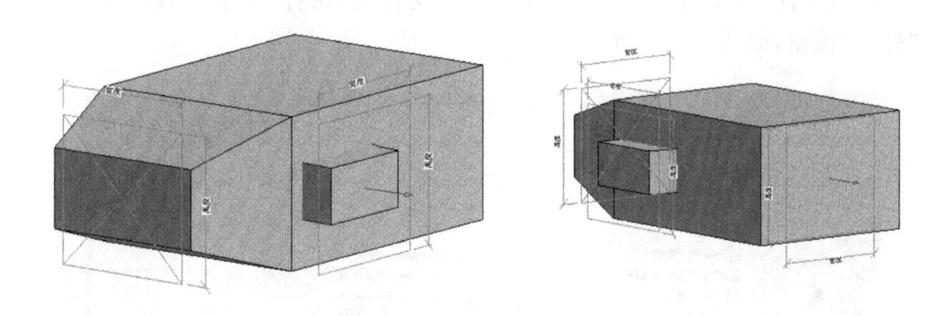

图 7-20

选择主管连接件,在“属性”对话框中,单击“高度”后的“关联参数”按钮,将高度与“风管厚度 1”相关联,同理,将“宽度”与“风管宽度 1”相关联,如图 7-21 所示。

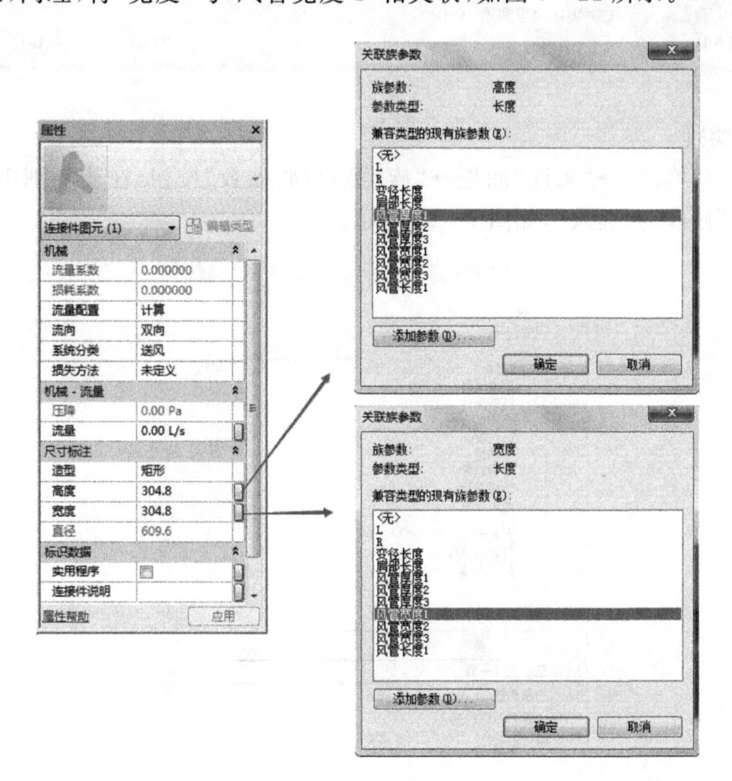

图 7-21

同理,将其他两个连接件也分别与风管参数相关联。

7.2 防火阀

1. 选择样板文件

打开样板文件，单击应用程序菜单按钮，单击“新建”侧拉菜单→“族”按钮。在弹出的“新族-选择样板文件”对话框中，双击打开“注释”文件夹，选择“公制常规模型.rft”样板文件，单击“打开”按钮，如图7-22所示。

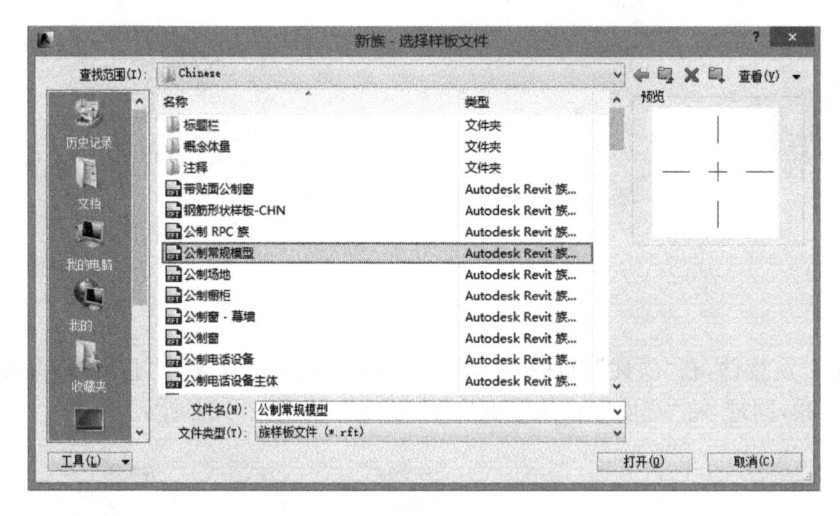

图7-22

2. 修改族类别

单击“常用”/“修改”→“属性”面板→“族类别与族参数”按钮，在族类别中选择“风管附件”，“部件类型”修改为“插入”，如图7-23所示。

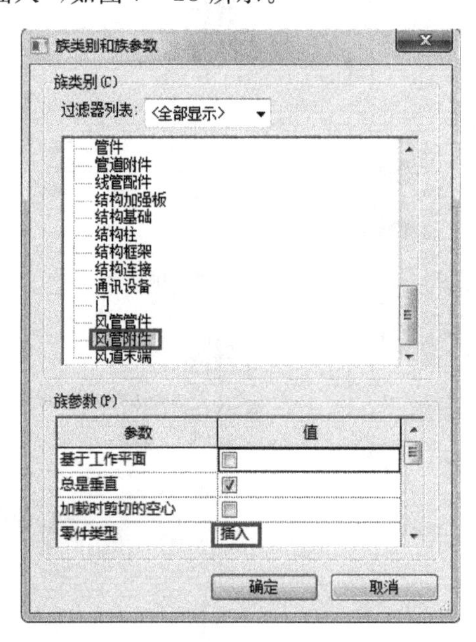

图7-23

3. 创建及添加参数

进入前立面视图，单击“视图”选项卡→“图形”面板→“可见性/图形”按钮，在弹出的对话框中，单击“注释类别”选项卡，勾选掉“标高”，避免在进行编辑时对锁定造成影响，如图7－24所示。

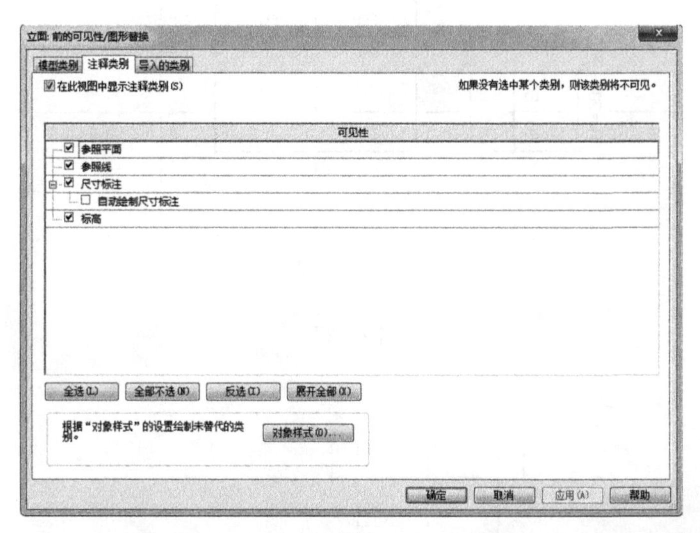

图 7－24

进入左立面视图，绘制参照标高，添加尺寸标注，为尺寸标注添加参数，如图 7－25 所示。

单击“常用”选项卡→“形状”面板→“拉伸”按钮，绘制矩形轮廓并与参照平面锁定，如图 7－26 所示。单击“完成”按钮完成拉伸。

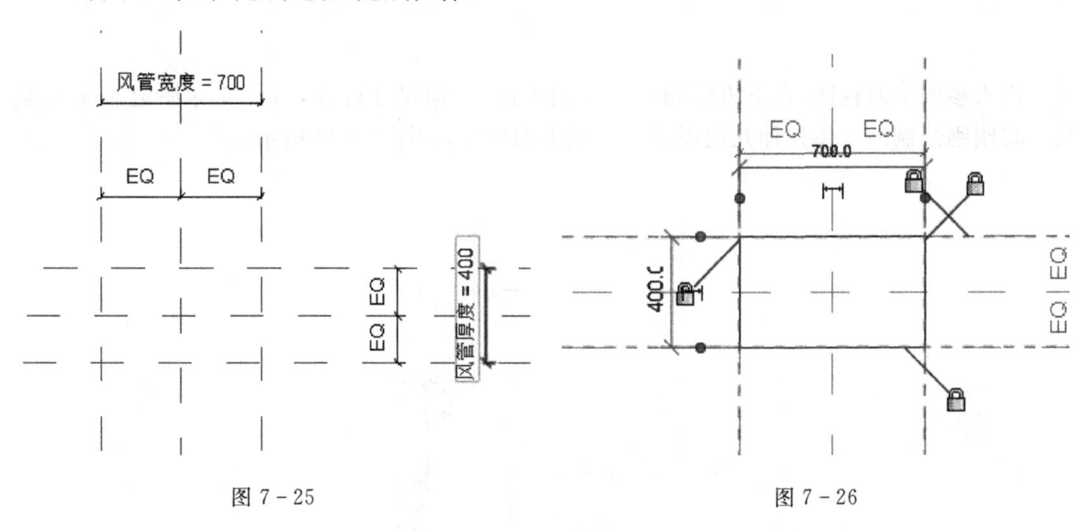

图 7－25　　图 7－26

进入前立面视图，绘制参照平面，添加尺寸标注和均分，为尺寸标注添加实例参数，将拉伸几何图形两端分别与参照平面锁定，如图 7－27 所示。

在前立面视图中，单击“常用”选项卡→“形状”面板→“拉伸”按钮，绘制矩形轮廓，添加尺寸标注和均分，为尺寸标注定义实例参数，如图 7－28 所示，单击“完成”按钮完成拉伸。

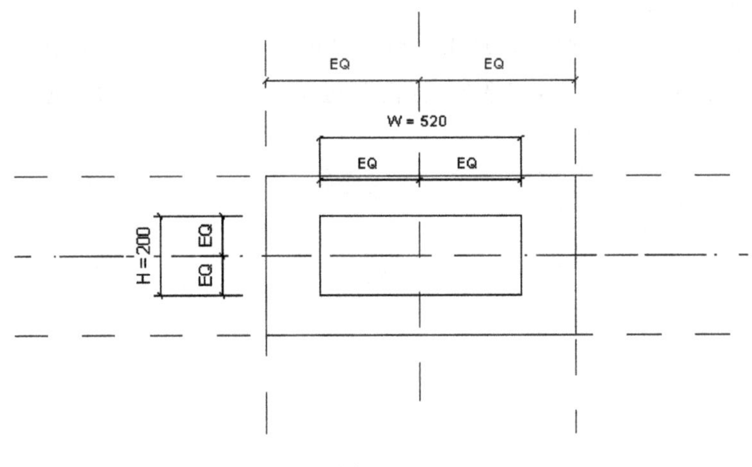

图 7-27

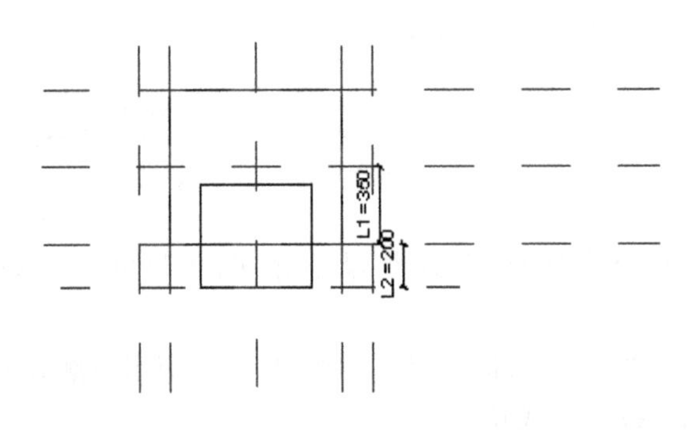

图 7-28

进入参照平面视图，在下方绘制一条参照平面，添加尺寸标注，为尺寸标注定义实例参数。将刚刚绘制的实体拉伸几何图形与参照平面锁定，如图 7-29 所示。

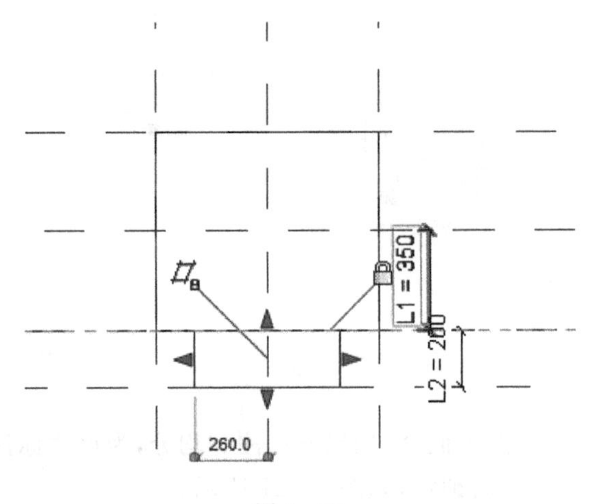

图 7-29

单击“常用”/“修改”选项卡→“属性”面板→“族类型”按钮，在弹出的“族类型”对话框中为参数“L1”添加公式“L1＝风管宽度/2”，如图 7－30 所示。

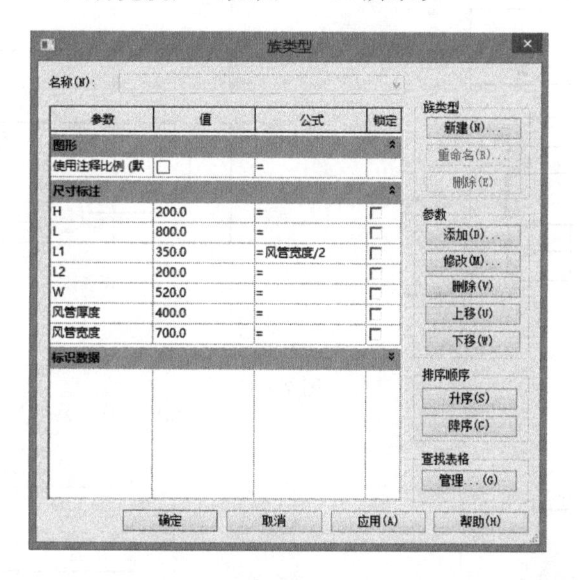

图 7－30

进入左立面视图，单击“常用”选项卡→“形状”面板→“拉伸”按钮，绘制矩形轮廓，添加尺寸标注和均分，为尺寸标注定义实例参数，如图 7－31 所示。单击“完成”按钮完成拉伸。

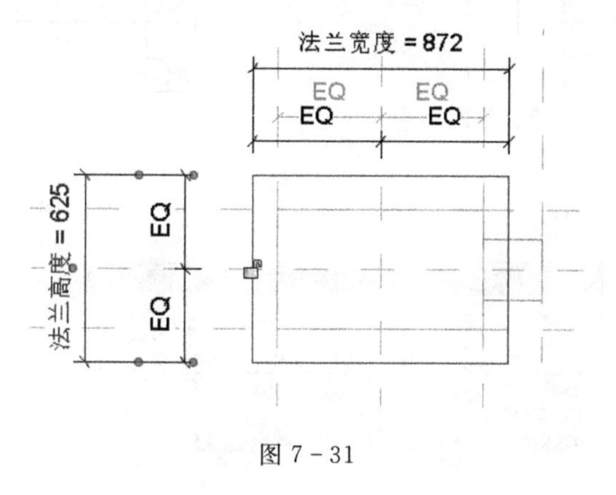

图 7－31

进入前立面视图，在右侧绘制一条参照平面，添加尺寸标注，为尺寸标注定义实例参数，将刚刚绘制的实体拉伸几何图形与参照平面锁定，如图 7－32 所示。

选定刚刚绘制的参照平面与法兰，单击“修改/选择多个”选项卡→“修改”面板→“镜像-拾取轴”按钮，拾取“中心(左/右)”参照平面，完成镜像命令，如图 7－33 所示。

为右侧的参照平面添加尺寸标注并定义参数，将右侧法兰与参照平面锁定，如图 7－34 所示。

单击“常用”/“修改”选项卡→“属性”面板→“族类型”按钮，在弹出的“族类型”对话框中设置参数，在“法兰高度”后的公式中编辑公式“风管厚度＋150”，同理在“法兰宽度”后的公式中编辑公式“风管宽度＋150”，如图 7－35 所示。

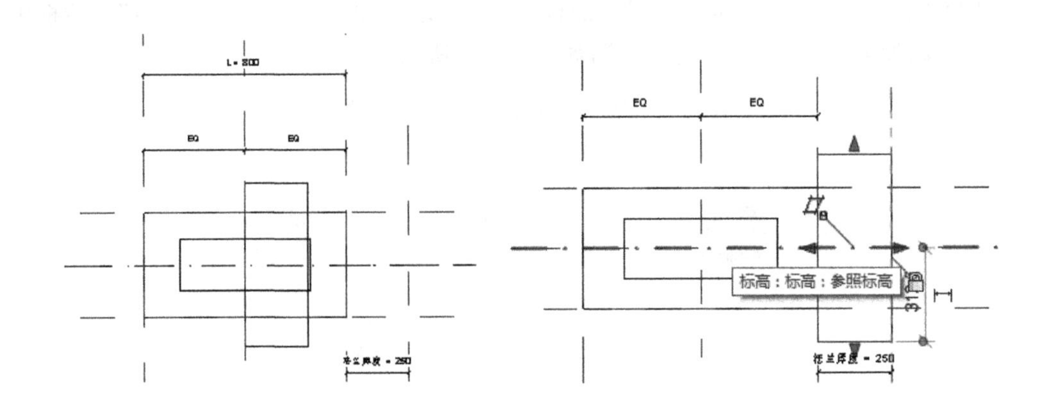

图 7－32

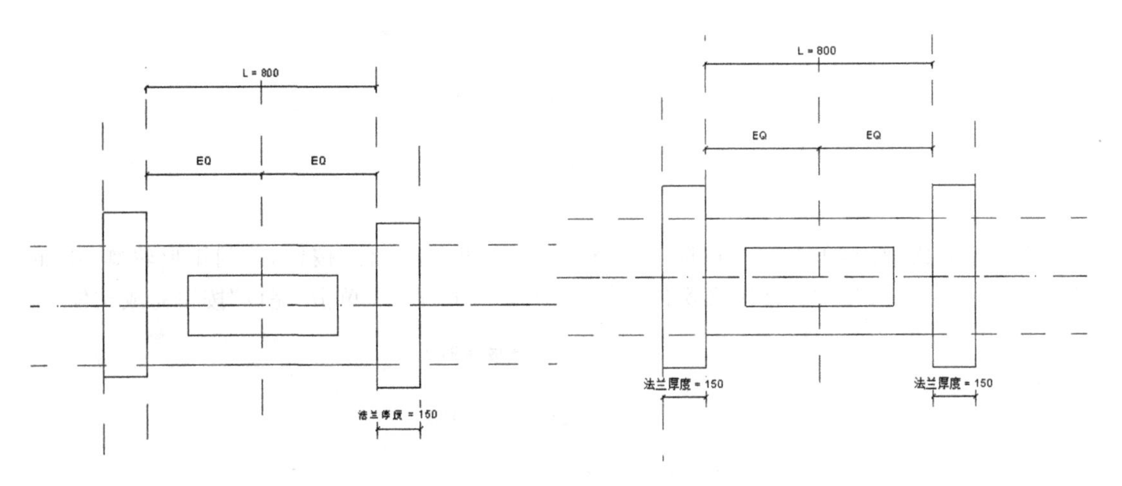

图 7－33　　　　图 7－34

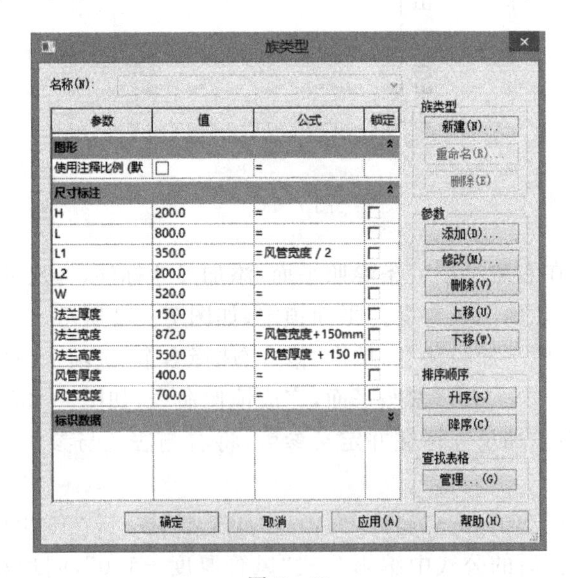

图 7－35

4．添加连接件

进入默认三维视图，单击“常用”选项卡→“连接件”下拉菜单→“风管连接件”命令，利用 Tab 键选择所需添加连接件的面逐一添加，如图 7-36 所示。

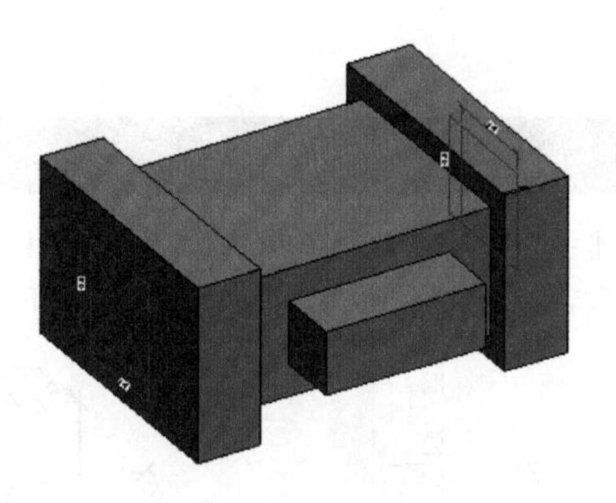

图 7-36

选择两个风管连接件，在“属性”对话框中，单击“高度”后的“关联参数”按钮，将高度与“风管厚度”相关联。同理，将“宽度”与“风管宽度”相关联，如图 7-37 所示。

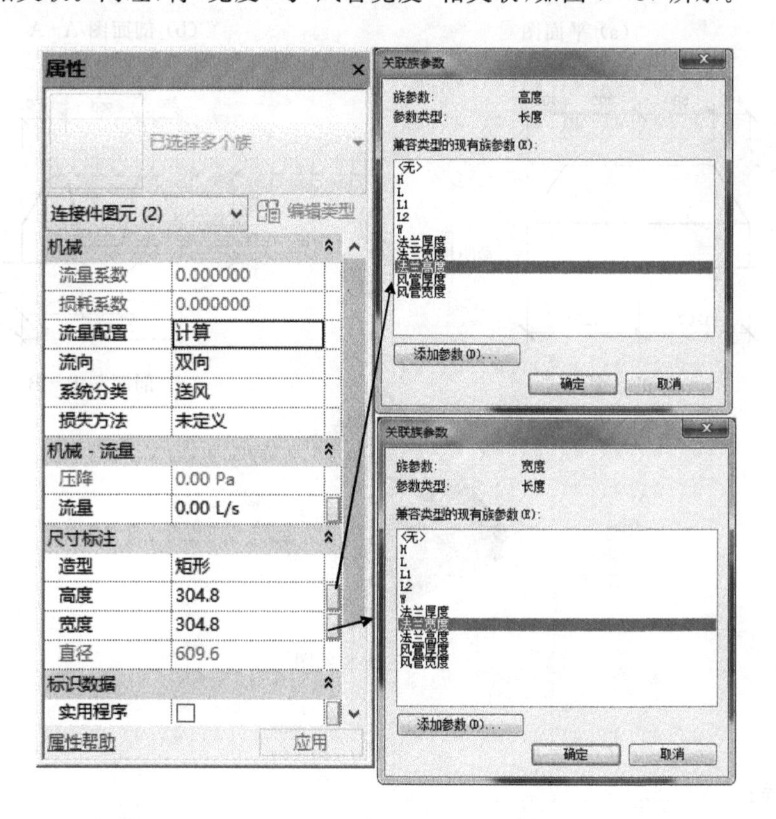

图 7-37

第8章 族的实例应用

8.1 杯口基础

根据图8-1尺寸，创建一个公制参数化结构基础，命名为“杯口基础”。给模型添加名称为“基础材质”的材质参数，并设置材质类型为“混凝土”，尺寸不作参数化要求。

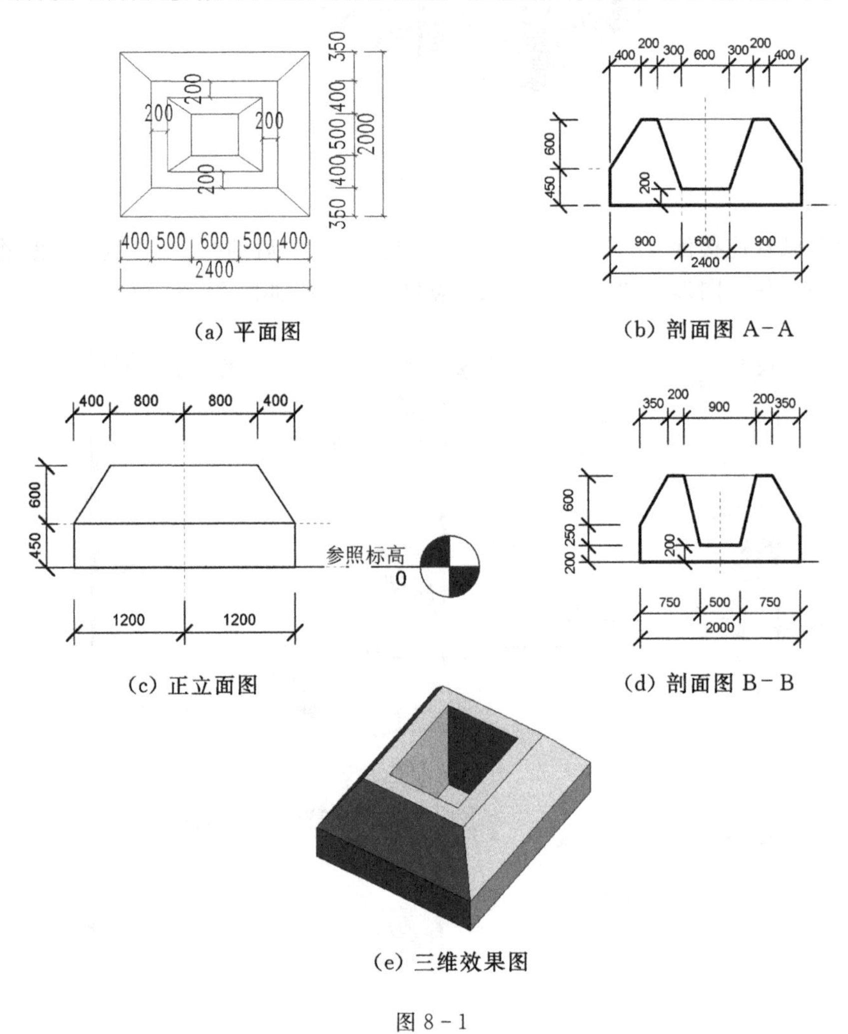

图8-1

解答过程：

(1)打开 Revit，新建族，打开“新族-选择样板文件”对话框，选择“公制常规模型.rft”样板文件，点击“打开”，如图8-2所示。

(2)点击“创建”→“基准”→“参照平面”，绘制参照平面，如图8-3所示。

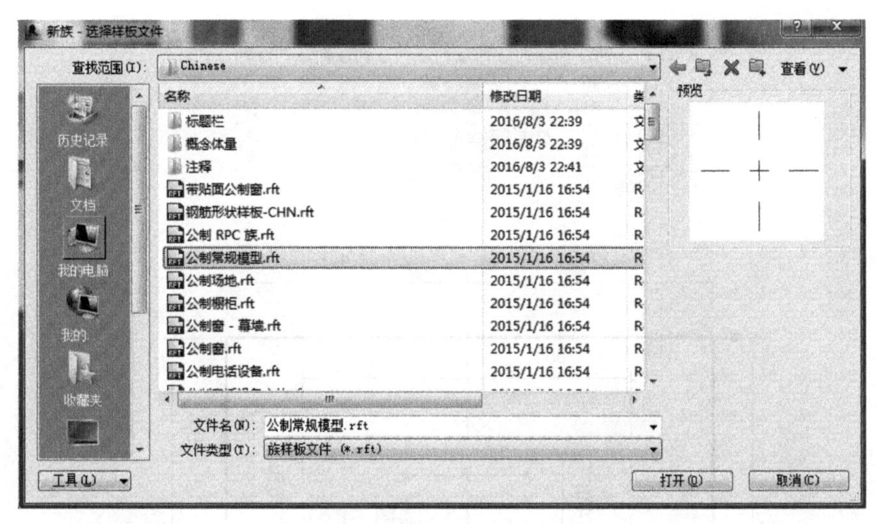

图 8-2

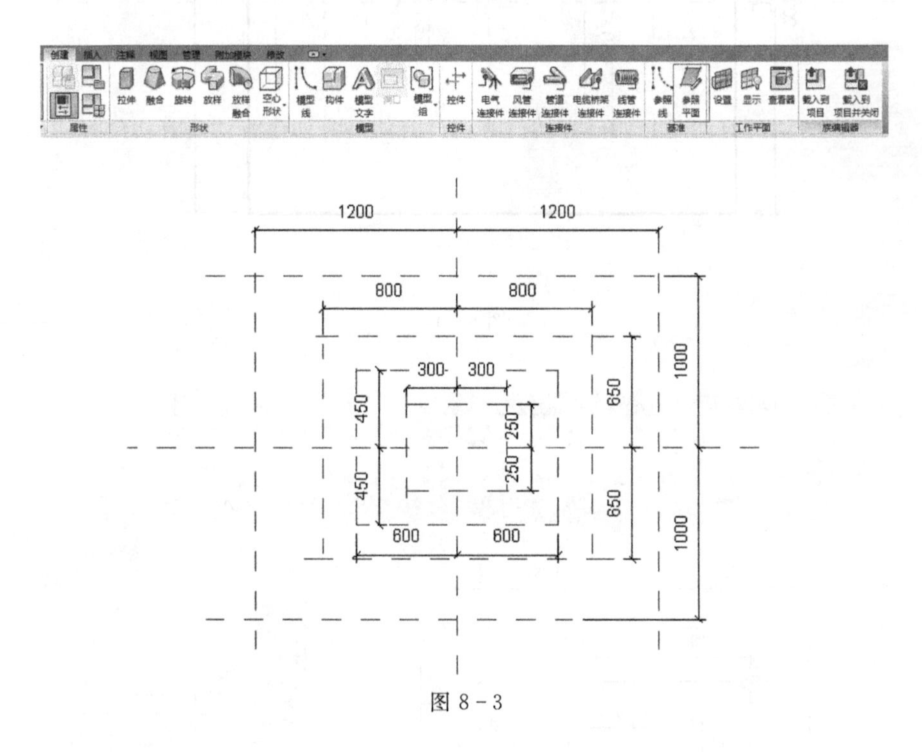

图 8-3

(3)点击“创建”→“形状”→“融合”，首先绘制底部边界，如图 8-4 所示，然后选择“修改|编辑融合底部边界”→“模式”→“编辑顶部”，绘制顶部边界，在“属性”对话框中将第一端点改为 450，第二端点改为 1050，点击完成，如图 8-5 所示。

(4)点击“创建”→“形状”→“拉伸”，绘制边界，在“属性”对话框中将拉伸起点改为 0，拉伸终点改为 450，点击完成，如图 8-6 所示。

(5)点击“创建”→“形状”→“空心形状”→“空心融合”，首先绘制底部边界，如图 8-7 所示，然后选择“修改|编辑空心融合底部边界”→“模式”→“编辑顶部”，绘制顶部边界，在“属性”对话框中将第一端点改为 200，第二端点改为 1050，如图 8-8 所示。

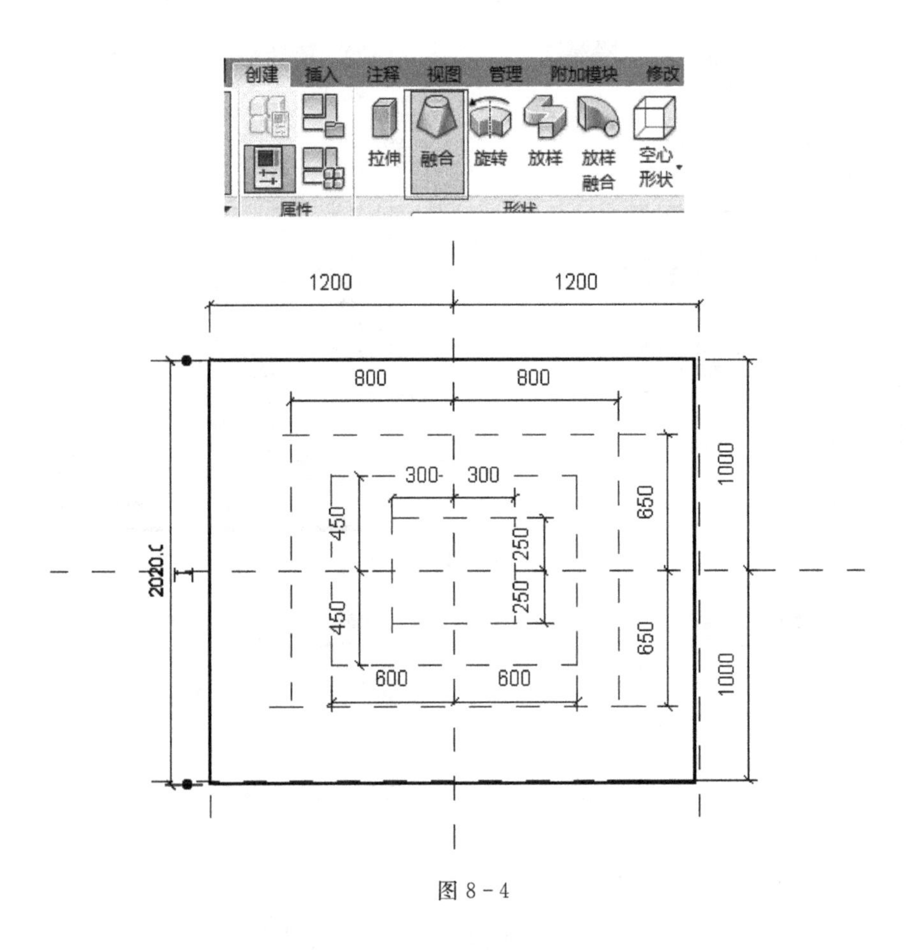
创建
插入
注释
视图
管理
附加模块
修改
拉伸
融合
旋转
放样
放样融合
空心形状
属性
1200
1200
800
800
300
300
450
450
250
250
650
650
1000
1000
600
600
2020.0

图 8－4

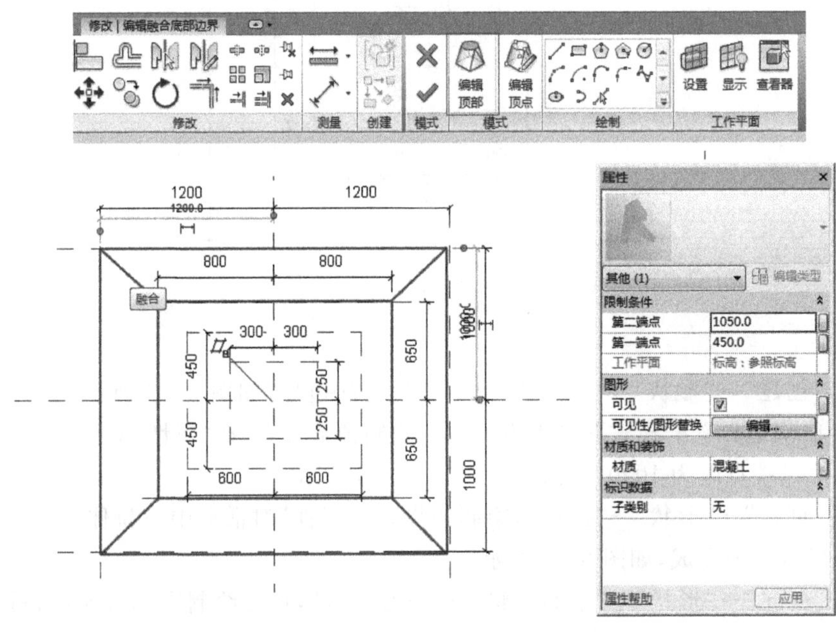
修改 | 编辑融合底部边界
修改
测量
创建
模式
编辑顶部
编辑顶点
绘制
设置
显示
查看器
工作平面
1200
1200
800
800
融合
300
300
450
450
250
250
650
650
1000
600
600
属性
其他 (1)
编辑类型
限制条件
第二端点
1050.0
第一端点
450.0
工作平面
标高 : 参照标高
图形
可见
可见性/图形替换
编辑...
材质和装饰
材质
混凝土
标识数据
子类别
无
属性帮助
应用

图 8－5

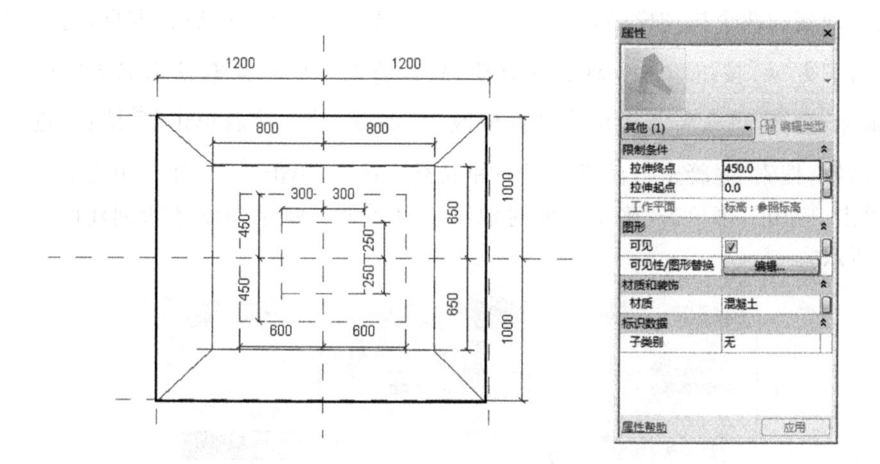
1200
1200
800
800
300
300
450
450
250
250
600
600
650
650
1000
1000
属性
其他 (1)
编辑类型
限制条件
拉伸终点
450.0
拉伸起点
0.0
工作平面
标高：参照标高
图形
可见
可见性/图形替换
编辑...
材质和装饰
材质
混凝土
标识数据
子类别
无
属性帮助
应用

图 8-6

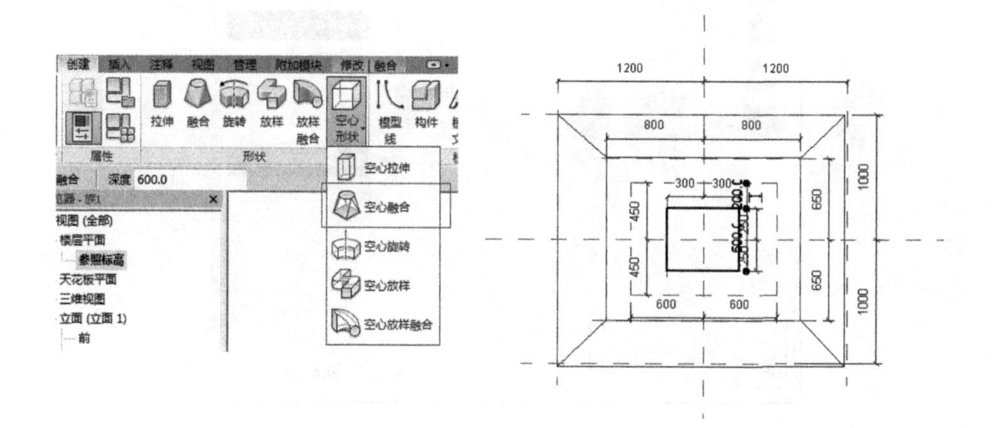
创建
插入
注释
视图
管理
附加模块
修改 | 融合
拉伸
融合
旋转
放样
放样融合
空心形状
模型线
构件
属性
形状
深度
600.0
视图 (全部)
楼层平面
参照标高
天花板平面
三维视图
立面 (立面 1)
前
空心拉伸
空心融合
空心旋转
空心放样
空心放样融合
1200
1200
800
800
300
300
450
450
600
600
650
650
1000
1000

图 8-7

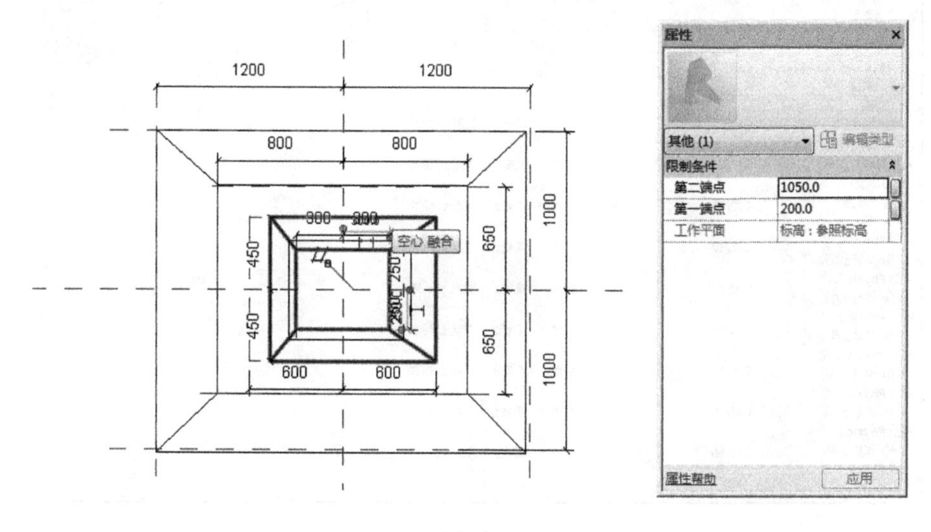
1200
1200
800
800
300
300
450
450
250
250
600
600
650
650
1000
1000
空心 融合
属性
其他 (1)
编辑类型
限制条件
第二端点
1050.0
第一端点
200.0
工作平面
标高：参照标高
属性帮助
应用

图 8-8

（6）选择创建的两个拉伸模型，在“属性”对话框中，单击“材质”后的方框，进入“材质浏览器”。单击下方按钮添加一种新的材质，软件将新建的材质默认命名为“默认为新材质”，右击鼠标，选择“重命名”，将材质名称修改为“混凝土”。然后单击按钮，进入“资源浏览器”对话框，搜索“混凝土”，任意选择一种混凝土材质，单击按钮。单击关闭“资源浏览器”，先单击“应用”，再单击“确定”，此时混凝土材质就将赋予到刚才所创建的族模型中，如图 8-9 所示。

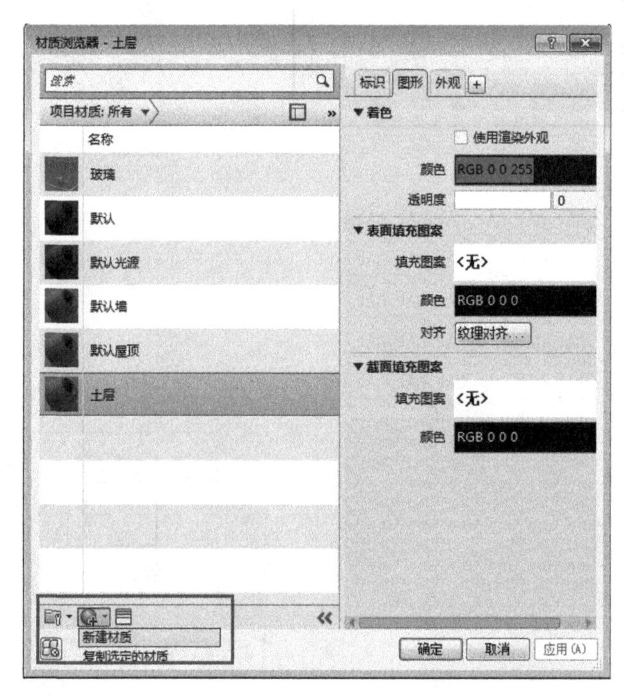

（a）

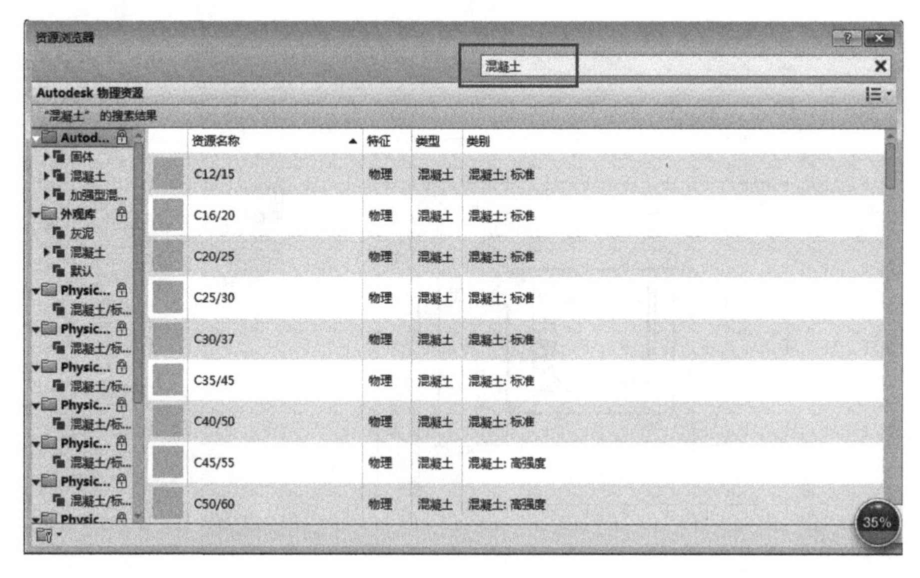

（b）

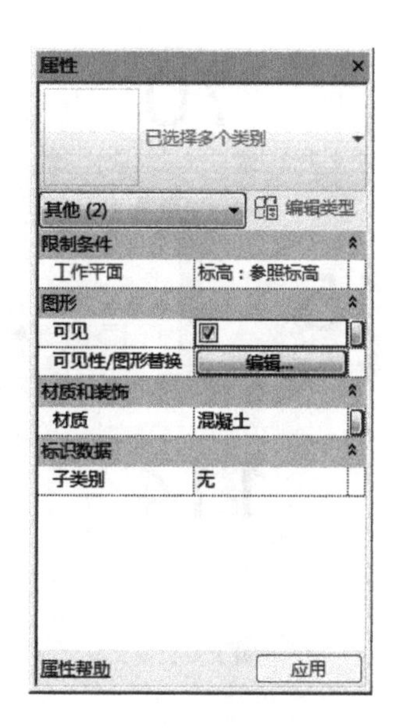

(c)

图 8-9

(7)至此，杯口基础模型创建完成，三维模型如图 8-10 所示。

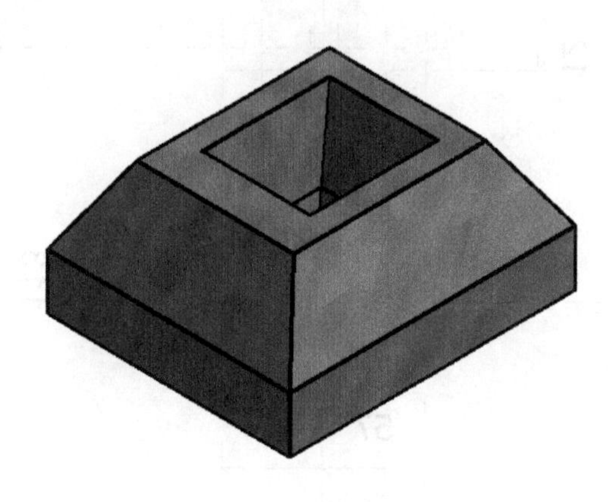

图 8-10

8.2 钢轨的创建

根据图 8-11 中尺寸，创建构建集模型，材质为"钢材"，钢轨长度要求参数化。

解答过程：

(1)打开 Revit，新建族，打开"新族－选择样板文件"对话框，选择"公制常规模型.rft"样板文件，点击"打开"。

(2)单击"项目浏览器"→"视图"→"立面(立面 1)"→"前"，单击"创建"→"平面"→"直线"命令，创建并修改参照平面的位置，如图 8-12 所示。

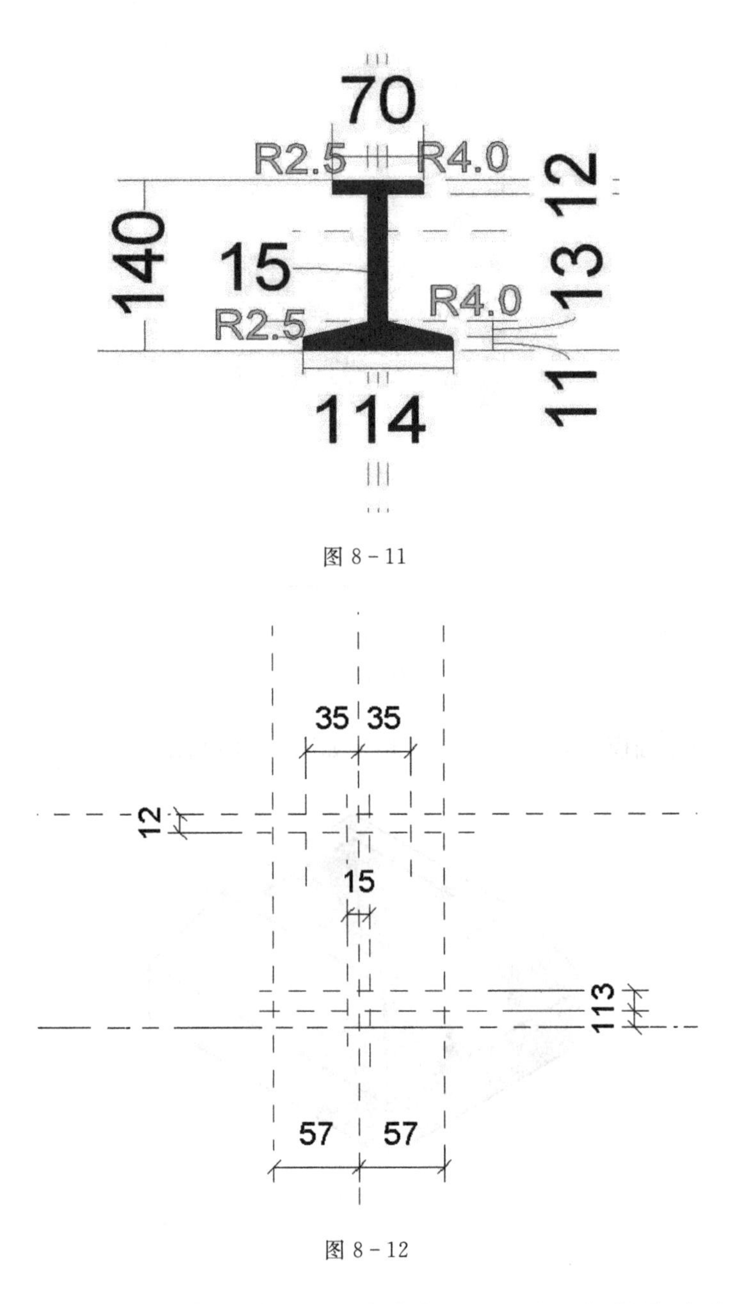

图 8－11

图 8－12

（3）在“创建”选项栏中，选择“拉伸”工具，绘制如图 8－13 所示图形，点击“修改|创建拉伸”→“模式”面板中的 ，完成拉伸的绘制。

（4）单击“项目浏览器”→“视图”→“楼层平面”→“参照标高”，点击“创建”→“基准”→“参照平面”，绘制一条参照平面，并为参照平面标注尺寸，如图 8－14 所示。

（5）鼠标左键点击第四步创建的尺寸标注，点击选项栏中的标签，点击“添加参数”，打开“参数属性”对话框，并在名称中输入“钢轨长度”，点击“确定”，此时，就为两个参照平面之间的距离添加上了长度参数，如图 8－15 所示。

（6）点击创建好的“拉伸模型”，将其与参照平面锁定，如图 8－16 所示。

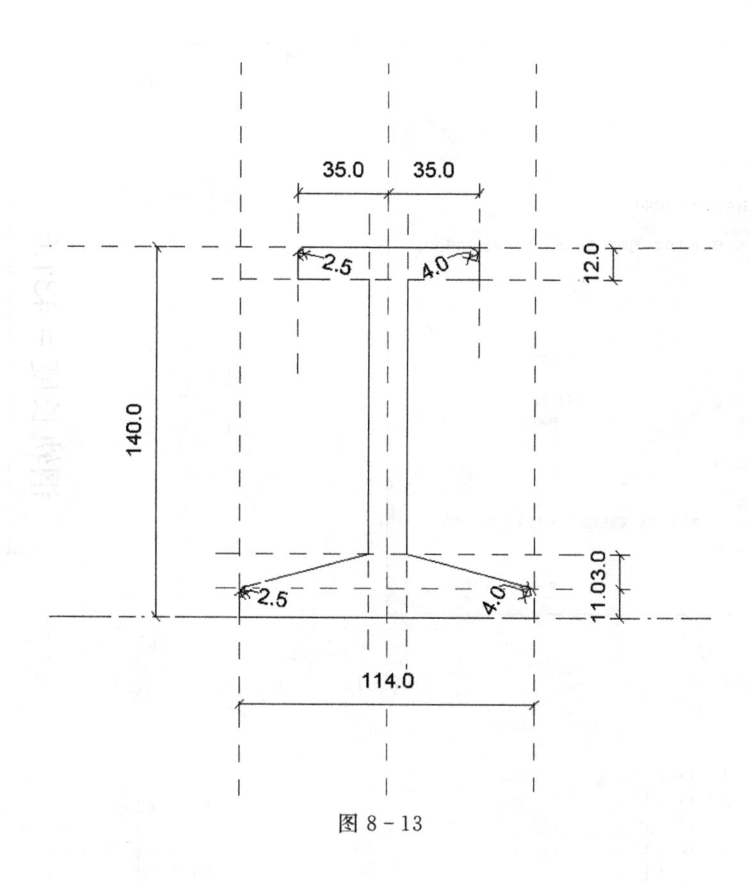

图 8-13

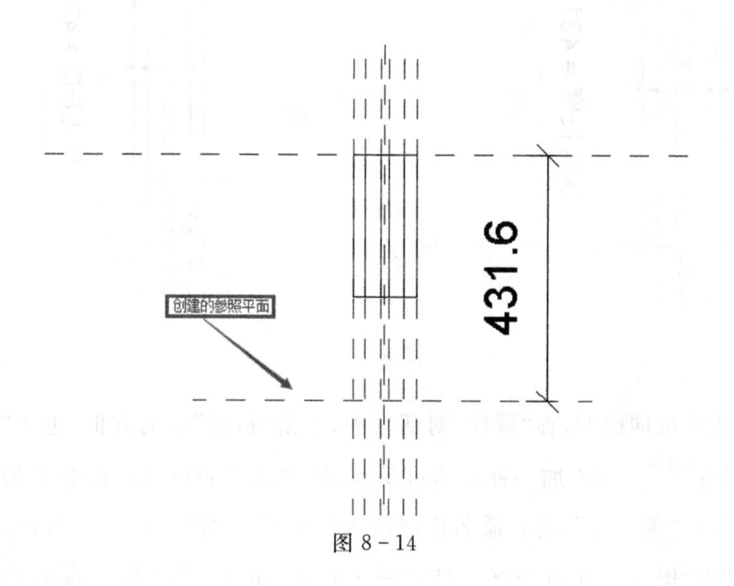

图 8-14

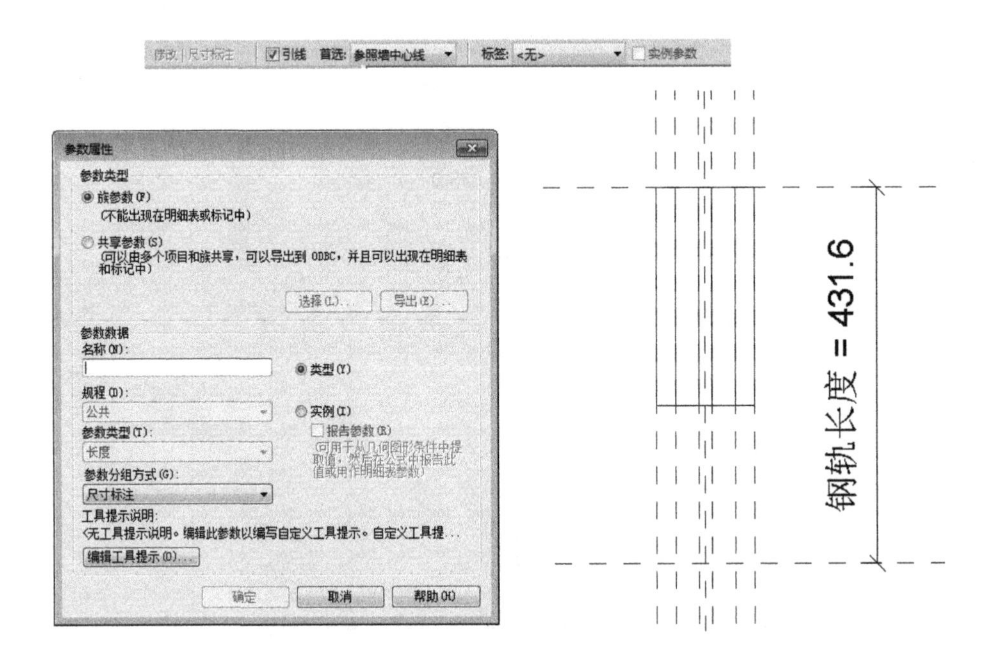

图 8-15

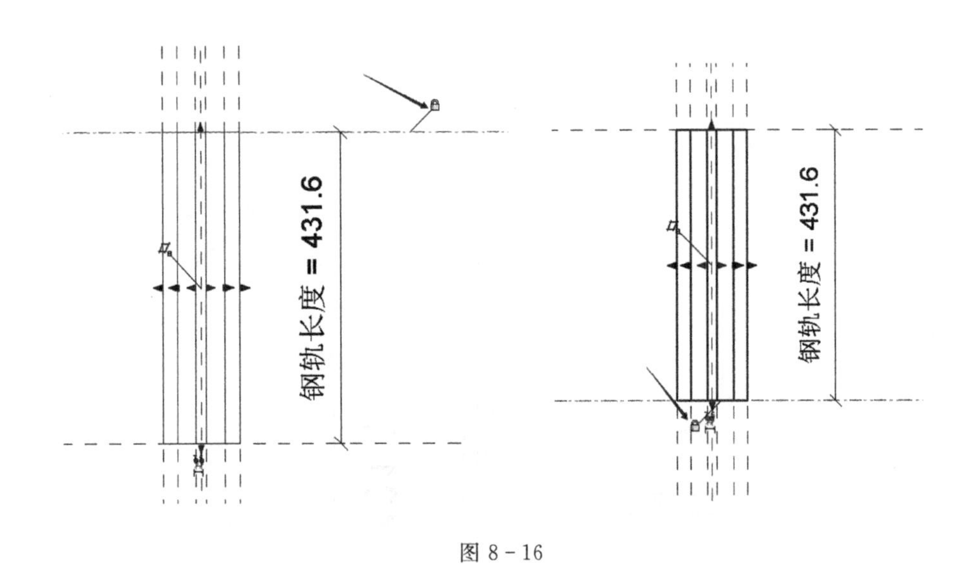

图 8-16

(7)选择创建的拉伸模型，在“属性”对话框中，单击“材质”后的方框，进入“材质浏览器”对话框。单击下方按钮添加一种新的材质，软件将新建的材质默认命名为“默认为新材质”，右击鼠标，选择“重命名”，将材质名称修改为“钢材”。然后单击按钮，进入“资源浏览器”对话框，搜索“钢材”，任意选择一种混凝土材质，单击按钮。点击关闭“资源浏览器”，先单击“应用”，再单击“确定”，此时“钢材”材质就将赋予到刚才所创建的族模型中。如图 8-17 所示。

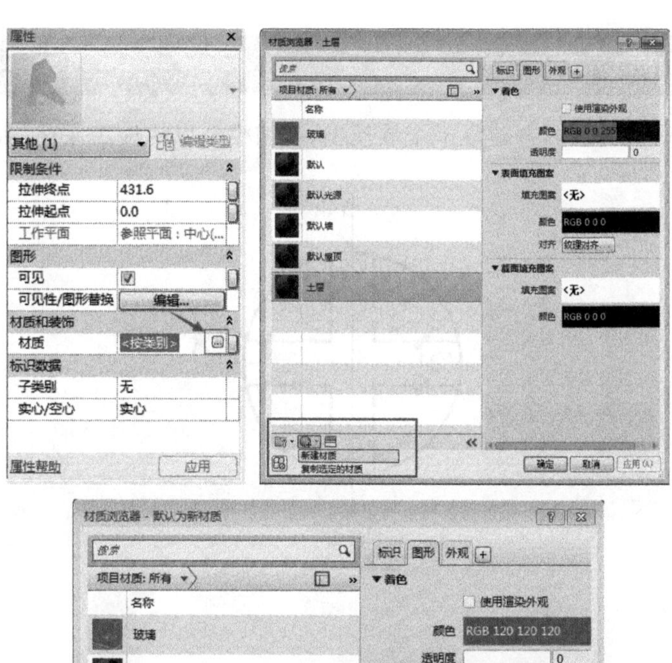
属性
其他 (1)
编辑类型
限制条件
拉伸终点
431.6
拉伸起点
0.0
工作平面
参照平面：中心(...
图形
可见
可见性/图形替换
编辑...
材质和装饰
材质
<按类别>
标识数据
子类别
无
实心/空心
实心
属性帮助
应用
材质浏览器 - 土层
项目材质: 所有
名称
玻璃
默认
默认光源
默认墙
默认屋顶
土层
标识
图形
外观
着色
使用渲染外观
颜色
透明度
表面填充图案
填充图案
<无>
对齐
纹理对齐...
截面填充图案
新建材质
复制选定的材质
确定
取消
应用 (A)

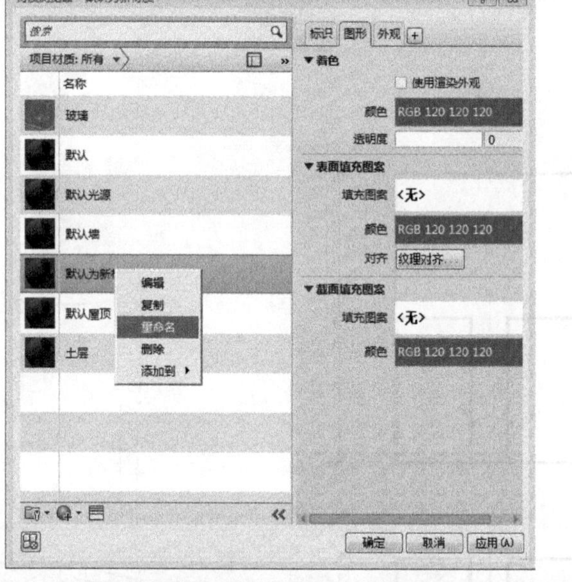
材质浏览器 - 默认为新材质
搜索
项目材质: 所有
名称
玻璃
默认
默认光源
默认墙
默认为新材
默认屋顶
土层
编辑
复制
重命名
删除
添加到
标识
图形
外观
着色
使用渲染外观
颜色
RGB 120 120 120
透明度
0
表面填充图案
填充图案
<无>
对齐
纹理对齐...
截面填充图案
确定
取消
应用 (A)

资源浏览器
钢
Autodesk 物理资源
"钢" 的搜索结果
文档资源
资源名称
特征
类型
类别
S 235
S 235 W
S 275
S 275 M/ML
S 275 N/NL
S 355
S 355 M/ML
S 355 N/NL
S 355 W
物理
金属
金属: 钢
外观库
金属
金属漆
墙漆
常规
固体
金属/钢
混凝土/标...

图 8－17

8.3 结构创建

创建图 8－18 中的结构，并建立一个族模型，将该模型以构件集保存，命名为“结构”。

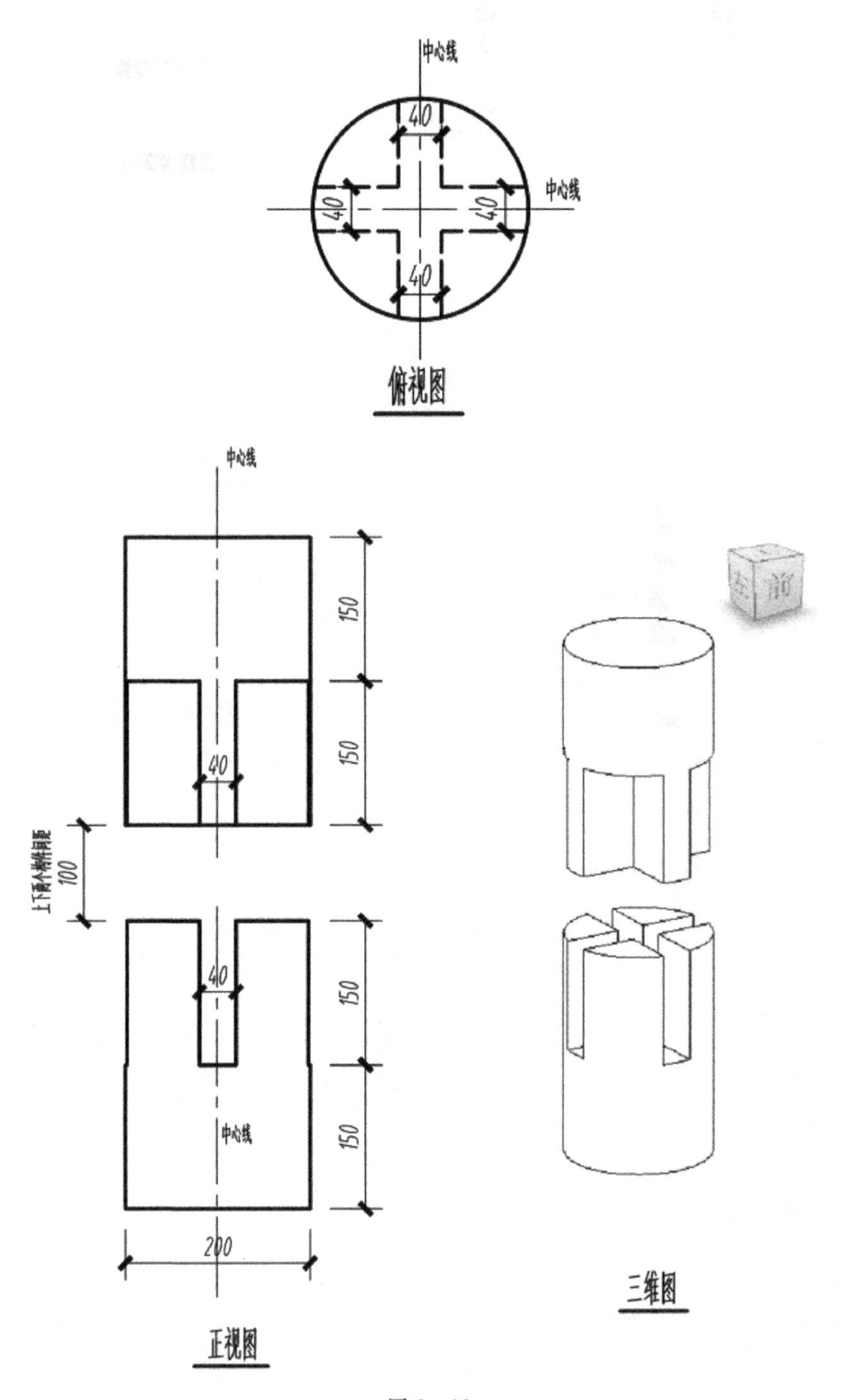

图 8－18

解答过程：

(1)打开 Revit，新建族，打开“新族－选择样板文件”对话框，选择“公制常规模型.rft”样板文件，点击“打开”。

(2)单击“项目浏览器”→“视图”→“楼层平面”→“参照标高”，单击“创建”→“平面”→“直线”命令，创建并修改参照平面的位置，如图 8－19 所示。

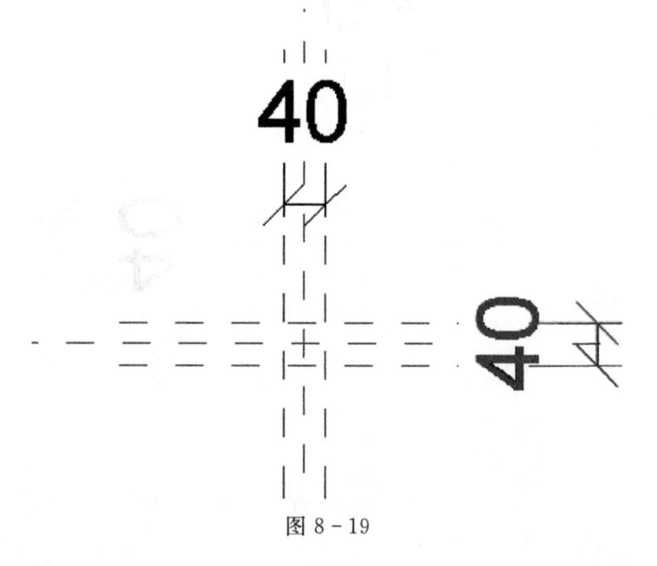

图 8－19

(3)单击“项目浏览器”→“视图”→“立面(立面 1)”→“前立面”，单击“创建”选项栏→“平面”→“直线”命令，创建并修改参照平面的位置，如图 8－20 所示。

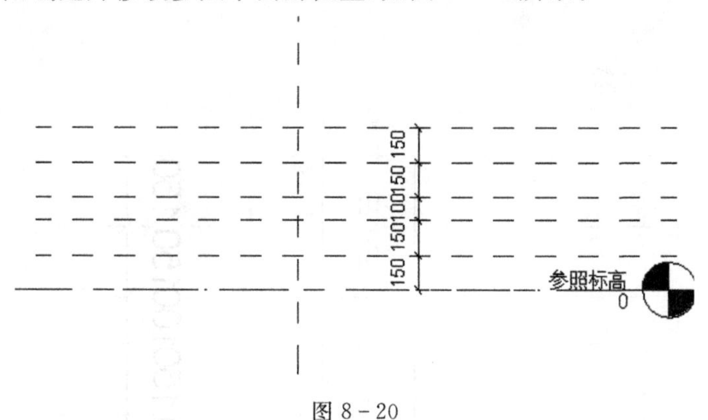

图 8－20

(4)单击“项目浏览器”→“视图”→“楼层平面”→“参照标高”，打开“参照标高”平面，在“创建”选项栏中，选择“拉伸”工具，绘制如图 8－21 所示图形，其半径为 100，在属性栏中将拉伸终点改为 300，点击完成。

(5)重复步骤(4)，将拉伸起点为 400，拉伸终点为 700。绘制完成后如图 8－22 所示。

(6)在“创建”选项栏中，选择“空心拉伸”工具，绘制如图 8－23 所示图形，在属性对话框中修改拉伸起点为 150，拉伸终点为 300，点击完成。

(7)在“创建”选项栏中，选择“空心拉伸”工具，绘制如图 8－24 所示图形，在属性对话框中修改拉伸起点为 400，拉伸终点为 550，点击完成。

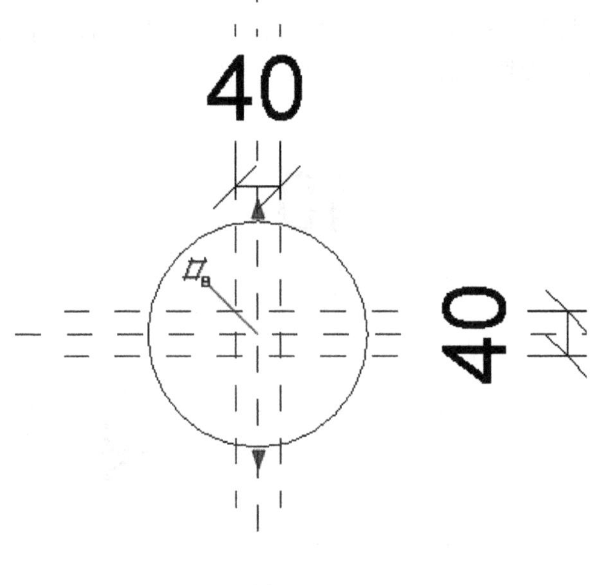

图 8-21

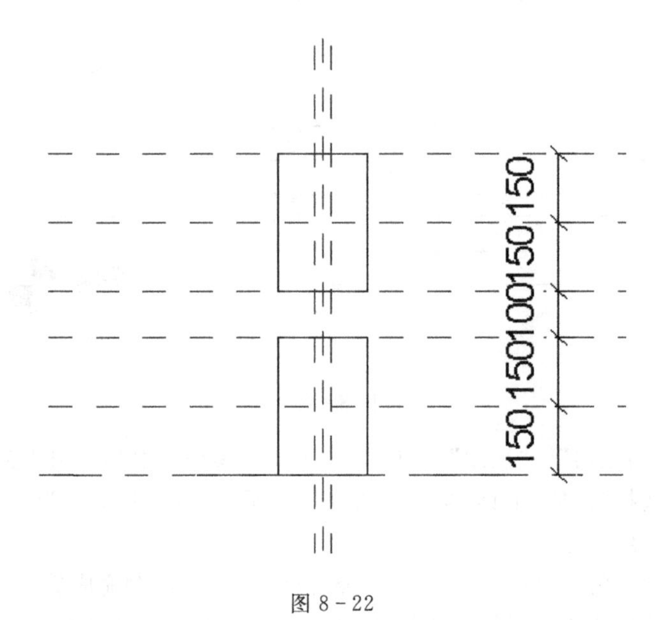

图 8-22

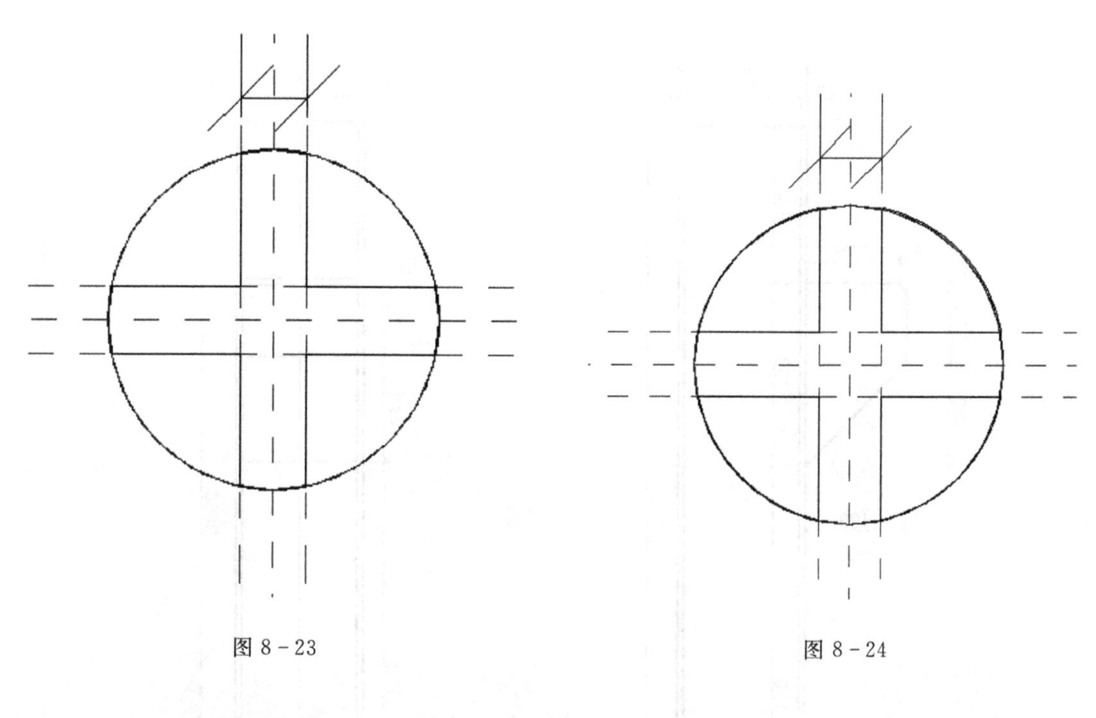

图 8-23　　　图 8-24

(8)至此,族模型创建完成,如图 8-25 所示。

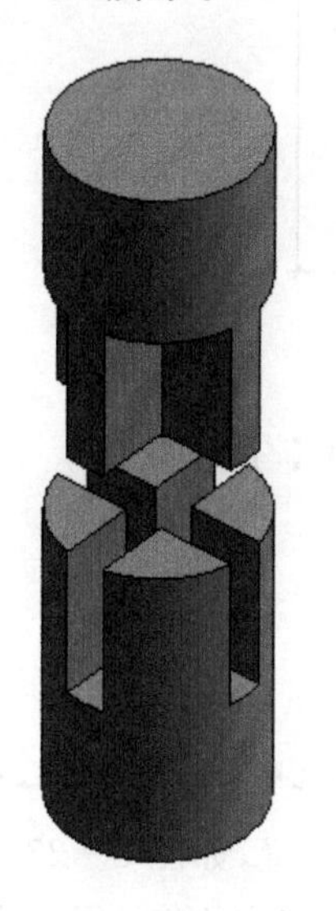

图 8-25

8.4 牛腿柱的创建

图 8-26 为牛腿柱。请按图示尺寸要求建立该牛腿柱的族模型。

解答过程:

(1)打开 Revit,新建族,打开"新族一选择样板文件"对话框,选择"公制常规模型.rft"样板文件,点击"打开"。

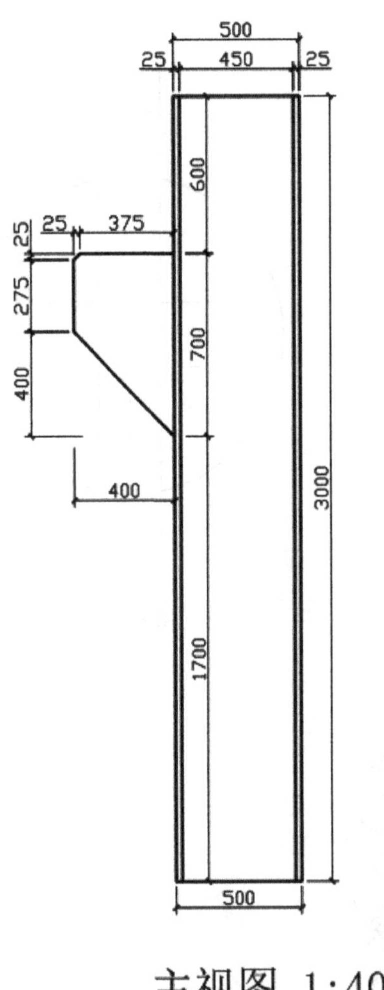

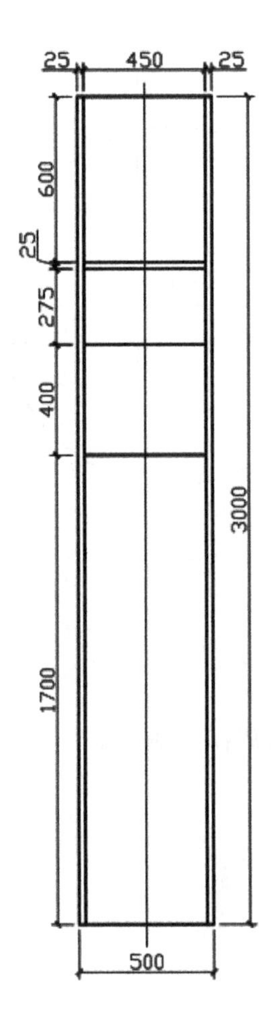

图 8－26

（2）单击“项目浏览器”→“视图”→“楼层平面”→“参照标高”，单击“创建”→“平面”→“直线”命令，创建并修改参照平面的位置，如图 8－27 所示。

（3）单击“项目浏览器”→“视图”→“立面（立面 1）”→“前立面”，单击“创建”面板→“平面”→“直线”命令，创建并修改参照平面的位置，如图 8－28 所示。

（4）单击“项目浏览器”→“视图”→“楼层平面”→“参照标高”，打开“参照标高”平面，在“创建”选项栏中选择“拉伸”工具，绘制如图 8－29 所示图形，在“属性”对话框中将拉伸起点改为 0，拉伸终点改为 3000，点击完成。

（5）单击“项目浏览器”→“视图”→“立面（立面 1）”→“前立面”，打开前立面视图，在“创建”选项栏中选择“拉伸”工具，绘制如图 8－30 所示图形，在“属性”对话框中设置拉伸起点为－225，拉伸终点为 225，点击完成。

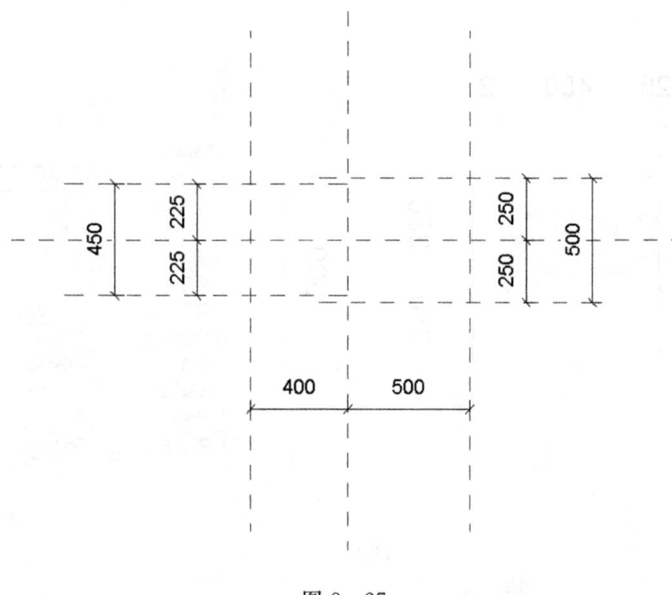

图 8-27

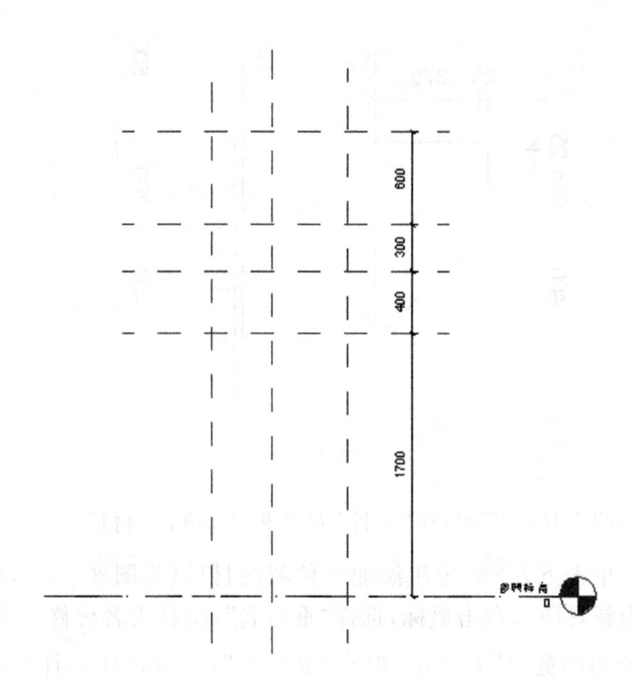

图 8-28

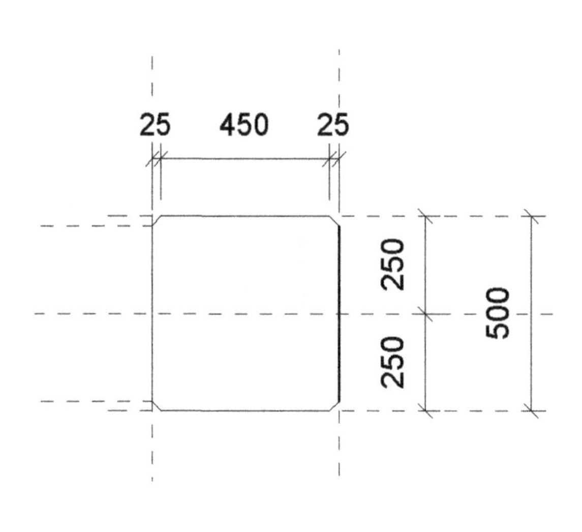

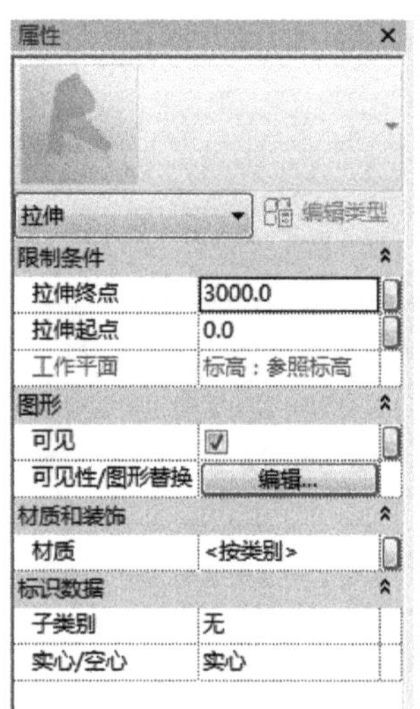

图 8-29

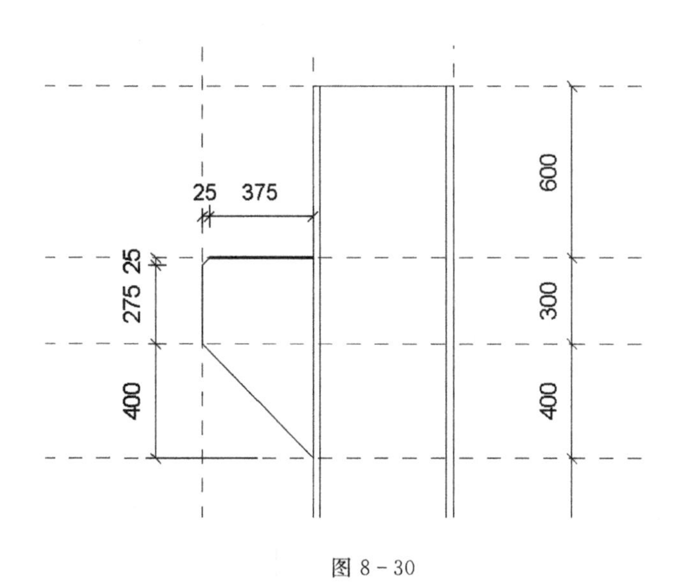

图 8-30

(6)选择创建的两个拉伸模型，在“属性”对话框中，单击“材质”后的方框(见图 8-31)，进入“材质浏览器”，单击下方按钮添加一种新的材质(见图 8-32)，软件将新建的材质默认命名为“默认为新材质”，右击鼠标，选择“重命名”，将材质名称修改为“混凝土”，然后单击按钮，进入“资源浏览器”对话框，搜索“混凝土”，任意选择一种混凝土材质(见图 8-33)，单击按钮。单击关闭“资源浏览器”，先单击“应用”，再单击“确定”，此时混凝土材质就将赋予到刚才所创建的族模型中(见图 8-34)。

(7)至此，牛腿柱模型创建完成，三维显示如图 8-35 所示。

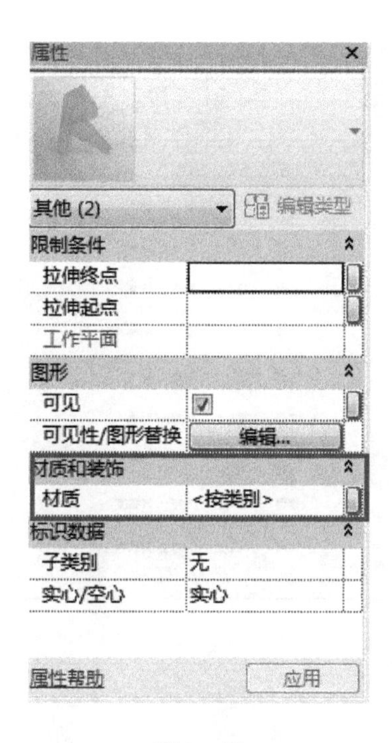
属性
其他 (2)
编辑类型
限制条件
拉伸终点
拉伸起点
工作平面
图形
可见
可见性/图形替换
编辑...
材质和装饰
材质
<按类别>
标识数据
子类别
无
实心/空心
实心
属性帮助
应用

图 8－31

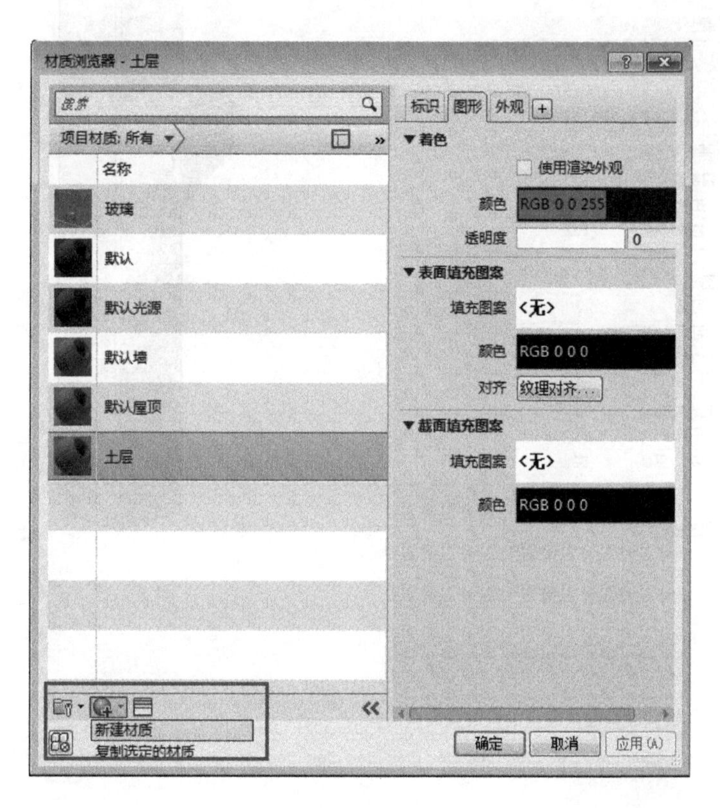
材质浏览器 - 土层
项目材质: 所有
名称
玻璃
默认
默认光源
默认墙
默认屋顶
土层
新建材质
复制选定的材质
标识
图形
外观
着色
使用渲染外观
颜色
RGB 0 0 255
透明度
0
表面填充图案
填充图案
<无>
颜色
RGB 0 0 0
对齐
纹理对齐...
截面填充图案
填充图案
<无>
颜色
RGB 0 0 0
确定
取消
应用 (A)

图 8－32

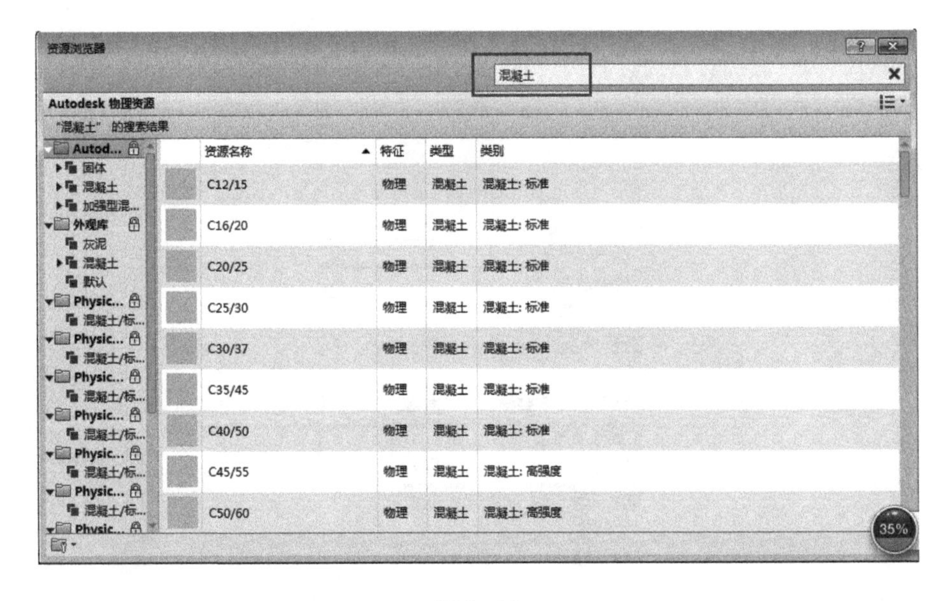

图 8－33

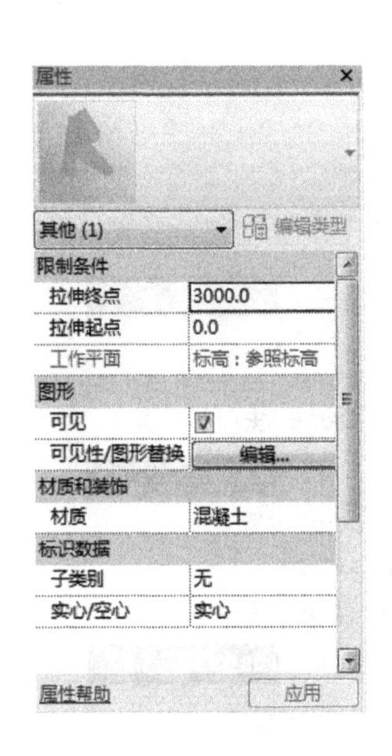

图 8－34

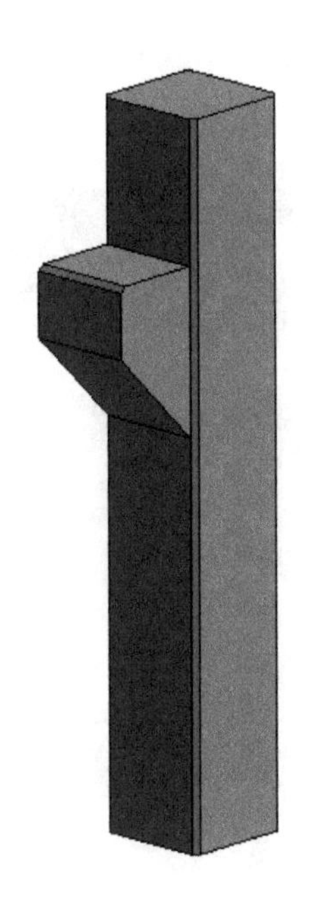

图 8－35